JN245143

Manolo Blahnik for Liberty 2010

VOGUE ON

MANOLO BLAHNIK

著者

クロエ・フォックス

翻訳者

和田 侑子

作業中の巨匠。ブラニクの靴づくりはつねに
イラストを描くことから始まる。撮影：イヴァン・テレスチェンコ

p.1：リバティ・プリント靴のイラスト。
著名なリバティ百貨店に2010年9月にオープンした
期間限定ショップのためにブラニクがデザインし、描いた。

p.3：2009年9月にマーク・マトックが撮影。
魅惑的なナイトライフを写した静物写真の中心にあるのは、
ブラニクによる彫刻的なペトロブルー・サテンのピンヒール。

『マノロは、靴のピカソよ』

グレース・コディントン

新しい歩きかた

VOGUE
JAN
35p
happy looks –
what you'll be
wearing...
clothes,
make-up,
hair, health,
all that's newest
and brightest
happy days –
what and who's
happening...
good times ahead
happy travelling –
where you'll
be going...
HAPPY NEW YEAR

1974年1月、マノロ・ブラニクがヴォーグ誌の表紙に登場した。同誌のそれまでの60年の歴史を振り返っても、このような現れかたをした男性は彼を含めまだ2人しかいなかった。シャンパングラスを手にした背の高いエレガントなカップルが、地中海の夕日をバックに親密そうなポーズで立つ写真は、極めて印象的だ。撮影したのは36歳のデビッド・ベイリー、スタイリングは32歳のグレース・コディントン(ヴォーグ誌のクリエイティブ・ディレクター)。両名とも、ファッション業界で画期的なキャリアを築き始めたところだった。彼らが今回、表紙に起用したのは、美を超えるストーリーを持つ、モデル以外の著名人だ。ひとりは、伝説的なアメリカ人映画監督、ジョン・ハストンの娘で、のちに女優としてアカデミー賞を受賞する22歳のアンジェリカ・ハストン。もうひとりは、スペイン人とチェコ人のハーフ。ロンドンのファッション・シーンで急速に脚光を浴びつつあった31歳のマノロ・ブラニク。二枚目俳優のようにハンサムで、自前の衣装を品よく着こなすこの靴デザイナーは、コルシカ島と南仏で撮影された同号のファッション特集「フレンチ・リーブ(無断退席の意)」の全14ページに登場した。この特集では、ブラニクとハストン以外にも、モデルではない著名人がところどころで顔を見せた。たとえば、写真家のヘルムート・ニュートンやコディントン(元モデルではあったが)も、このあり得ないほど魅惑的な「パーティ」に出席した。海辺から寝室へと自然に移動していくストーリーは、主要な登場人物と制作スタッフたちにとって、腕の見せ場として完璧だった。ベイリーによるエネルギッシュなリアリズムの追求、コディントンの卓越した審美眼、ハストンのドラマティックな存在感、ブラニクの美しい靴。全ページにわたり、そのすべてが輝かしく表現されたのだった。

1974年、
グレース・コディントンは、
撮影をデビッド・ベイリーが
担当した「フレンチ・リーブ」
ストーリーのモデルに
マノロ・ブラニクを起用。
女優のアンジェリカ・ハストン
(写真)もヴォーグのために
現場にかけつけた。
「今思い返してもこの取材は、
わたしの人生において
最も幸せな旅行のひとつだった」
とブラニクは語っている。

それから40年以上経って行われたインタビューで、この記事を嬉しそうに見返すデザイナーの姿が見られた。彼は「おお、アンジェリカ。なんて美しいんだ」と叫び、こう続けた。「わたしたちは顔を合わせるといつでも、今だって、『Vive La Corse!(コルシカ島万歳!)』といい合うんだ。この取材は本当に楽しかったからね」74歳のマノロ・ブラニクは古風な魅力の持ち主であるにもかかわらず「驚くほど若く見える」と、彼の友人であり、支持者でもあるアナ・ウィンターは言う。「全部覚えているよ」と、ブラニク。「だれひとりとして忘れていない。この駆け出しの時期は、昨日のことのようなんだ」。

『この取材は本当に楽しかったからね』

マノロ・ブラニク

デビッド・ベイリーが
「フレンチ・リーブ」向けに
撮影した他のショット。
ブラニクは、この記事に参加した
写真家のヘルムート・ニュートンと、
ハストンの間に座っている。
このときブラニクは、自らの
デザインによるエレガントな
エナメル革サンダルを履いたハストンを、
内面も外見も美しい女性だと称えた。

p.13：ブラニクがヴォーグに
登場した年である1974年に
スケッチされたリーフ・サンダル。
亜熱帯地方にある
カナリア諸島の島、ラ・パルマで過ごした
少年時代に生じ、人生を通じて
このデザイナーが抱き続ける
植物モチーフへの情熱が表れている。

‘葉だよ。
いつも
思い浮かぶのは、
植物の葉なんだ’

マノロ・ブラニク

Manolo Blahnik 1974

ブラニクのキャリアがスタートしたのは、あのコルシカ島での夏をさかのぼること3年。芸術を学んだパリを離れイギリスにやってきたブラニクが目指していたのは、舞台美術家としてのスキルを高めることだった。「当時のロンドンは黄金時代を迎えていた。そして、わたしにとっても黄金の街だった」と、ブラニクは回想している。「エネルギッシュで、ムードも高まっていた。そこに居合わせたわたしは、そのすべてを呼吸した。暮らしたことのある他の地はどこも異国を感じたが、ロンドンは違った。自分のための街に思えたんだ」。1971年、ファッショナブルな都市ロンドンは、スウィンギング・シックスティーズ(60年代のファッション、音楽、映画、建築などにおけるロンドンのストリートカルチャー)から始まったクリエイティブな盛り上がりの真っただ中にあった。カーナビー通りやキングスロードの舗道では、自由で美しい若者たちがストリートファッションを披露。ジーン・ミューア、ビル・ギブ、とりわけ有名なオジー・クラークを初めとするデザイナーが新スタイルを作りだす一方、イギリスでもかつてなく優れた雑誌編集者たちがこうした新しいシーンを伝えた。ウィル・ランデルズ率いるハーパーズ&クイーン誌は、チェルシー・セット(チェルシー地区にいた文化人たちの集団)を紹介し、ベアトリックス・ミラー率いるヴォーグは、幻想とイギリスの伝統とを巧みにブレンド。そうやって、ロンドンを世界の文化変動の中心にしっかりとすえたのである。

1979年12月に行われたイギリス版ヴォーグのインタビュー記事で、ジョアン・ジュリエット・バックは「彼にはどこか風格を感じる」。と述べた。撮影:エリック・ボーマン「伝記がぎっしり並んだ立派なカップボード、サテュロスの彫像、彫刻入りのベッド、ろうそくが輝くシャンデリアなど、ノッティングヒルにあるブラニクの住まいは、まさに紳士のアパートメントだ」。

ブラニクがイギリスに永住するには労働許可の取得が必要で、そのためには職を見つけなくてはならなかったが、ケンジントンにあるフェザーズ・ブティックの当時の経営者、ジーン・バースタイン(サウス・モルトン通りにある有名なブラウンズ・ブティック代表のジョアン・バースタインとは異なる点に注意)が、ヨーロッパで受けた教育のおかげでスペイン語、英語、フランス語、ドイツ語、イタリア語が流暢なこの優秀な若者を支援するようになった。ジーンがブラニクに与えた仕事は、ジーンズ・ブランド、ニューマンのプレス助手という、彼の趣味にあまり合うものではなかったが、ロンドンに留まるにはこの仕事をこなすしかなかった。ブラニクは今も、ファッション小売業を営むために必要なすべてを教えてくれたバースタイン婦人を信頼しており、「ジーンの目はとりわけ鋭く、きらきら輝いており、職務上の倫理観も厳格だった」と、当時の彼女の印象を語っている。

当時のロンドンで最もファッショナブルなブティックのひとつだったフェザーズ。そこに登場した派手にハンサムな新しい従業員は、一流ファッション・ジャーナリストの注意をすぐに引いた。ヴォーグのカテリーヌ・ミリネアは、並外れた装いのロンドン住人を特集するというテーマに対するアドバイスを求めたことがきっかけで、ブラニクとすぐに友情を築く。カテリーヌは俳優である弟のジル・ミリネアを、ウォリック通りにある、清潔でミニマルなブラニクの小さなアパートのルームメイトとして紹介した。

ブラニクのキャラクターは、クリエイティブで文化的な友人を引きつけた。ブラニクの装いはクラシックで美しいばかりでなく、個性的で興味深く、情熱的でもあった。「彼は、ファッション・シーンにおいてはエキゾチックな存在だった」。友人である、作家兼写真家のマイケル・ロバーツはそう回想する。「髪型はワイルドで性格は情熱的。タイトでダンディな服装をしていた」。この時期ブラニクは、写真家のエリック・ボーマンと舞台装置美術家のピーター・ヤングという成長株の2人の男と友人になった。映画と舞台のマニアであるマノロに、デザインに対する野心を追求するよう薦めたのは、映画の仕事をしていた才能あるフリーランス芸術家、ヤングだ（後にアカデミー賞を2回受賞）。チェルシーのオールドチャーチ通りでザパタという小さな靴屋を営む友人をブラニクに紹介したのもヤングだった。同店の店内装飾を依頼されたヤングが、ブラニクに協力を求めたのだ。2人は一緒に、その小さなスペースをポスト・シックスティーズ風に大改装。壁を黄色に塗り替え、床に人工芝を貼った。この仕事でインスピレーションを得て勢いがついたブラニクは、もっと仕事はないかと周囲を探し始めた。すると、クラリッジズ・ホテルでパーティー会場を装飾するなどの雑用を頼まれるようになった。有名コメディアン、ピーター・セラーズの娘、ビクトリアのためのパーティ・セッティングの仕事だったが、この時は高級百貨店ハロッズを説得してクリスマス用トナカイを借りてきたりした。しかしブラニクは、内心では物足りなさを感じていた。強烈な創作意欲を真剣にまっとうできる仕事が必要だったのだ。

ブラニクが1972年に描いた、ソールの細いヒョウ柄ヒール「パロマ」のスケッチ。大親友のパロマ・ピカソから名前をとった。2人は60年代後半にパリで出会い、すぐに切っても切れない仲となった。ピカソは、「ブラニクはそのときすでに、洗練された魅力的な若者として目立っていたわ」と語る。

1971年、舞台美術家になる夢にそろそろ真剣に向き合おうとしていたマノロは、エリック・ボーマンと、パロマ・ピカソ（芸術家、パブロ・ピカソの末娘）と一緒にニューヨーク旅行へ出かけた。ブラニクとパロマが友人になったのは60年代後半。ブラニクがパリに暮らしていたときのことだ。旅費を捻出するため、ブラニクはGOという左岸の小さなブティックで仕事を見つけた。彼はこう回想している。「まったくもってマッドなブティックだった。パリで唯一、イギリス風のクレイジーなものを買える場

Manolo Blahnik Ltd. 72

所だったんだ」。当時、まだ学生だったピカソがある日、その店に足を踏み入れたところ、仕事熱心な店員にたちまち魅了されてしまったのだという。「彼は気まぐれな彗星のようで、ファンタジーと楽しさにあふれていたわ」と、ピカソ。ニューヨークで、今は故人のアメリカ版ヴォーグ編集者、ダイアナ・ヴリーランドをブラニクに紹介したのはピカソだった。「とても緊張したよ」と、ブラニク。「赤と白のギンガムチェックのスーツを着ていたわたしは、まるで歩くテーブルクロス。貴婦人に衣装を披露する、小作農のような気分だった」。セットや衣装のスケッチが満載のポートフォリオで武装したブラニクは、ヴリーランドにおそるおそる作品を見せてみた。それらにざっと目を通したヴリーランドは、靴のスケッチで手を止め、奇妙な感嘆音を発した。そして「ねえ君」と、タカのような目つきでブラニクを見すえると、こう言った。「足の絵がとんでもなくよいわ。靴にたずさわりなさい！　これらのスケッチのなかでは、靴の絵が断然面白いのよ」。

ヴリーランドはこの瞬間からブラニクの協力者となる。1989年にヴリーランドが亡くなるまで、ブラニクはニューヨークに行くと必ず彼女を訪ねた。ヴォーグの総合監修者を務めたアンドレ・レオン・タリーを連れて行くことも多かった。決まっておみやげに持参したのが、デボンシャー（デボン州の古称）のクロテッド・クリームを一瓶。しかしもちろん、ハロッズで造ったものだ。自らのキャリア構築に関し、ブラニクはヴリーランドを信頼した。彼女に出会う瞬間までどっちつかずだったブラニクは、ヴリーランドとの出会いにより、天啓がもたらされたように感じたのだ。「突然、すべてのつじつまが合った」。ロンドンに戻るや否や、ブラニクは靴店のザパタに向かい、靴のデザイン・コンサルタントのポジションはないかとたずねた。初めて作った靴は男物だったが、この分野にあまりスリルは感じなかった。「イギリスのブローグ（穴飾り付き靴）でなにができるというんだ」と、ブラニク。「これらを改良するには、紳士服における、わたしがさほど好まない類のファッション要素を取り入れなければならない」。そうはいっても、紳士靴作りはよい経験になった。ブラニクはこの新しい仕事に真剣に取り組み、ノーサンプトン（当時、イギリスの靴製造の中心地だった）の工場もよく訪れた。ブラニクの最初のコレクションは、商業

『ブラニクの最大の功績は、ファッションにおいて
アクセサリーをパワフルな要素にし、
靴を最も重要なアクセサリーにしたことだ』

コリン・マクダウェル

的には成功しなかった。チョークホワイト色のクレープソールと、鮮やかなエレクトリックブルーのアッパーが付いたサドルシューズで、友人ぐらいしか履くものはいなかったが(友人の友人もいたが、そのなかにはデヴィッド・ホックニーがいた)、それは始まりに過ぎなかった。

若きブラニクに大ブレイクが起こったのは、共通の友人であるチェリタ・セクンダがオジー・クラークを紹介してくれたことがきっかけだ。「彼は信じられない魔法をくりだしていた」とブラニクは、この綺羅星のような洋服デザイナーについて語っている。クラークは当時、ロンドンのファッション銀河に燦然と輝く、まごうことなきスターだった。クラークとブラニクは出会うや否や意気投合。ブラニクの熱意に触発され、その明らかな才能にも気づいたクラークは、この若いデザイナーに1972年春夏コレクション向けの靴づくりを依頼したのだ。

しかし、ブラニクの熱意は、技術的ノウハウと釣りあっていなかった。「なにをやっているのか分からなかった」と、今になってブラニクは認めている。「まったく分かってなかったんだ」。ロイヤルコート・シアターで披露されたデビュー・コレクションは、20センチのゴム製ヒール付きグリーンサンダルや、足首に赤いチェリーがからみつくクラクラしそうなハイヒールなど、10種類のデザインで構成されていた。外見は素晴らしかったが、靴としてはあまり機能していなかった。「ヒールに支持物を入れ忘れたんだ。つまり、ゴム製ヒールのなかに鋼鉄が一切入っていなかった。だから、暑くなるとぐらつき始めた。モデルの美しい女性たちはみな、歩きまわるときに転ばないよう苦労していた。恐ろしいミスを犯してしまったのだが、だれもが気にいってくれた。終いには、セシル・ビートンから、新たな歩行法を編み出したとまでいわれたんだ。『もうお終いだ』と思ったが、なんとか事なきを得られて、神に感謝したよ」。幸運なことに、これらの靴のあまりの楽しさに、ブラニクの無限のエネルギーと情熱に魅了されたファッション界は、彼に次のチャンスを与えたのだ。「彼の靴は、創造力にあふれ、勢いがあり、靴としてちゃんと機能すればよいのにと願ってしまうほどだった」と、マイケル・ロバーツ。「瞬く間に、あらゆるセレブの足が、彼の明色のスエード製の葉を追いかけるようになり、支柱がないせいで折れ曲がるヒールで、よろめくようになった」。

p.20-21：
ヴォーグに掲載されたブラニク
最初期のデザインのうちの２作品。
当時、ブラニクはまだ、
ザパタ・ブランドの傘下で働いていた。
左は、木製の厚底に紅白ストライプの
カンバス地を合わせたサンダル。
1972年にピーター・ナップが撮影。
右は、1971年に
クライブ・アロースミスが
撮影したジーン・シュリンプトン。
オジー・クラークのスーツに合わせて、
白のソールに赤と青のスエードを
あしらった靴を履いている。

ブラニクのデザインがヴォーグのページに登場し始めた。まずはコルクの靴底にカラフルなスエードを組み合わせたもの。ジーン・シュリンプトンがモデルを務め、クライブ・アロースミスが写真を撮影した。その次月である1971年9月には、レスター・ブックビンダーが別のコルク・ソール靴の写真を撮影している。このときは、足首に一厘の花が巻きつけられていた。「あの靴は自分で縫ったんだ」と、デザイナー。「よく見ると、えらく汚れていることが分かるよ。1足しかなかったから、人の手から手へと回されていったんだ！」自らの創作物がヴォーグの誌面を飾っているのを見ると「とても冷や冷やした」ことをブラニクは覚えていた。彼の記憶は、心配かつ不安な気分で染められていたのだ。「厳密にいうと、自分がなにをやっていたか悟るのに、10年以上、いや、おそらく15年はかかったと思う」。

与えられたチャンスを逃さないことを決意したブラニクは、靴作りはもちろん、どうすればよい靴が作れるのかを学ぶことに「徹底的に取り組んだ」。まずは、自分にひどく欠けている技術的基礎を教えてくれる工場を探し始める。彼の突飛な発想を、機能する現実へと変えてくれる経験豊かで腕前も確かな人びとを観察しながら、靴作りという商売に関する真の知識をブラニクが蓄えたのは、イースト・ロンドンのレイトンストーンにあるターナーズでだった。

その一方でブラニクは、ファッション界において急速に有名人になりつつあった。だれかが言ったように、ブラニクの40年のキャリアにおいて、この特徴は、彼の名声に燃料を注ぎ続けた。ウィメンズ・ウェア・デイリー（WWD）誌が「ロンドンで最もエキゾチックな人物のひとり」と称した男は、1973年の初めには、イギリス・ファッション界で最も有名な人物のひとりとなっていた。

ブラニクが初期に
デザインしたコルク製ソールの
スエード・ハイヒール。
足首部についた
ひもの先に花があしらわれ、
遊び心いっぱいに
風船の足に履かされている。
1971年、
レスター・ブックビンダーが
ヴォーグのために撮影。

p.25：足首部にひもが付いた、
黄と赤の2色のサンダル。
ノーマン・パーキンソンが
ヴォーグ1971年12月号
向けに野外撮影。
ブラニクの記憶によると、
この有名写真家が
「当時気にいっていた靴」だという。

『靴の製法は独学で学んだ。
ヒールのカービングや作りかたも勉強した。
自分がなにをしているのかは分からなかったけれど、
学んでいったのだ』

マノロ・ブラニク

‘靴は
女性にとって、
生まれ変わるための
最短の手段だ’

マノロ・ブラニク

『花開ける庭をこの男に与えた
イギリスに感謝を』

エリック・ボーマン

魔法の世界

最近のインタビュー時、ヴォーグに掲載された自らの靴の変遷を見返していたマノロ・ブラニクは、1972年10月号のある見開きページで目を止めた。スタジオ撮影されたその写真には、ザンドラ・ローズによる明るいグリーンのスカートに、ユリのペイントが入ったクリーム色のオーガンザ・シャツを合わせた若い女性が写っている。その足に履かれているのは、クリームアイボリーのリーフ・シューズ。マノロ・ブラニクがザパタ向けに作ったもので、価格は16.5ポンドだった(現在の約200ポンドに相当)。「植物の葉だよ」と、ブラニク。「いつも思い浮かぶのは植物の葉なんだ」。葉や花、はい回るブドウのツル、植物のモチーフを作品に多用するのはなぜですか? と、わたしは彼にたずねた。ブラニクの靴においては明るい虹色の色彩も大きな特徴で、自然の輝きのストレートな影響を感じさせる。誕生以来ずっと、ブラニクの靴は野外撮影のときに最も輝きを見せる。1975年はジャマイカで、ジェリー・ホールの長い脚に履かれ、ノーマン・パーキンソンが撮影。1992年は、クリスティー・ターリントンが履いてアフリカ探検しているようすをアーサー・エルゴートが撮影。1997年は、ケイト・モスが履いてブラジルを長旅するようすをマリオ・テスティーノが撮影した。説明の過程でブラニクはこう話してくれた。「わたしはバナナ農園で育った。そこでの遊具は、海や太陽、そして植物。天国のような場所だったんだ」。

「この作品あたりから、植物や葉からインスピレーションを得るようになった」。葉の形をデザインに取り入れ、足首のひもをこみ入らせたアイヴォリー色のハイヒールを見て、ブラニクはそう回想する。1972年にジャンニ・ペナティが撮影。「わたしが育った農園との視覚的関連性を見て取ることができる」。

マヌエル・'マノロ'・ブラニク・ロドリゲスは1942年11月27日、北アフリカのモロッコ沿岸沖にあるカナリア諸島のサンタ・クルス・デ・ラ・パルマで生まれた。のどかな農園の家で10年も待ち続けた第一子の誕生に、エナンとマヌエラのブラニク夫妻はたいそう喜んだ。夫婦が結婚したとき、親戚はびっくり仰天した。それぞれ、まったく異なる世界の住人だったからだ。金髪に緑色の目をしたエナンは、チェコスロバキアで薬局を営む家族の息子で、大西洋横断中、乗っていた船がサンタクルスに寄港。そのときに見かけた黒い目をした地元の美しい娘、マヌエラに一目ぼれし、その街から去りがたくなってしまったのだ。1932年に結婚したとき、マヌエラはまだ18歳。結束の堅い地元社会から眉をひそめられた。それでもエナンは、島暮らしを心から受け入れ、マヌエラの家族のバナナ栽培業にもすぐに参加し、すんなりと溶け込んでいった。

『わたしの遊具は、海や太陽、そして植物だった』

マノロ・ブラニク

ノーマン・パーキンソンが
1975年にジャマイカで撮影した、
若き日のジェリー・ホール。
ブラニクによるメタリックゴールドの
ハイヒール・サンダルが、
このテキサス出身のモデルがまとう
青い水泳帽とビキニにこの上なく合い、
ゴージャスなアクセサリーに。

p.30-31：
軽くて履きやすいブラニクのサンダルは、
どれも裸足によくあう。
この2枚の写真には、ほぼ20年の差がある。
アーサー・エルゴートがアフリカで
クリスティー・ターリントンを撮影したのは
1992年(左)。
ノーマン・パーキンソンが撮影した
もう1枚のジャマイカの風景(右)は、
ヴォーグ1973年7月号に掲載された。
しかし、ブラニクによる極めてフェミニンな
アンクル・ストラップ・デザインが
足を美しく見せる力は変わっていない。

マノロが生まれると、その12カ月後には妹のエヴァンジェリーナも家族に加わった。子どもたちは、愛情にあふれながらも格式のある家庭で、両親から慈しまれて育った。エナンは規律を重んじるまじめな性格で、裕福な家庭に育ったその妻も、マナーをよくし、身なりをきちんとすることを重んじた。子どもたちは、召使いや乳母、メイド、家庭教師など、大勢から世話をやかれて日々を過ごし、みなが美しい子どもたちを可愛がった。子どもたちは1日のほとんどを外で、空想遊びをしたり、大農場の敷地の極彩色の景色に浸って過ごした。その周囲には、祖父の家以外、何キロにも渡って隣家はなかった。自動車やテレビもなく、観光旅行に行くこともほとんどなかった。実際、現在のカナリー諸島は、ブラニクにとってはあまり馴染みのない場所となっている。「今では安っぽいベットタウンになっているが、あの頃は、魔法のように素敵な島だった」と語っている。マノロ少年は、トカゲを捕まえ、アルミホイルで服や靴を作ってあげるのが大好きだった。ペットの犬や猿の靴も作ろうとしたが、あまりうまくいかなかった。特にはっきり覚えている幼少時の記憶に、バナナ農園で働く小作人を観察していたときに、彼らの足にいたく感激したという思い出がある。「ゴツゴツして傷だらけだったけれど、妙に美しくもあった。大変な作業のせいで完璧に研ぎ澄まされていたんだ」。

ブリジット・バルドーは
10代のブラニクが
インスピレーションを受けた
ひとりで、彼女にちなみ、
クラシックなパンプスに「BB」
と名付けている。2008年に
初めてデザインされたこのモデルは、
シーズンごとに色や生地を変えて
発売されている。
このエメラルド・サテン・バージョンは、
2011年に発表され、
ジョッシュ・オリンズが撮影。

ブラニク家では、ファッションがかなり重視された。エナンもマヌエラも、服装の好みがうるさかったのだ。第二次世界大戦前、エナンは衣服をすべてプラハで仕立てていたが、戦後、ヨーロッパ内の旅行が極めて難しくなると、マドリードの仕立て屋を訪れるようになった。マヌエラの衣服は、マドリードで注文するか、特別なものは、パリの百貨店、ギャラリー・ラファイエットで作った。マヌエラは、ファッションに目がなかった。アメリカ版ヴォーグやハーパーズなどの雑誌は、アルゼンチンから島に入ってきた。大抵は3カ月遅れだったが、それでも、到着と同時に母が飛びついて読んでいたことを、彼女のただ一人の息子は覚えている。「母は雑誌を眺めては、仕立てを頼むお針子に、雑誌の写真を参考にどんな服を作って欲しいかを説明していた」。

成長するにつれ、マノロは母のもとに届く雑誌が楽しみになっていった。父の愛読誌である、ライフ、タイム、ルックはこの幼子の審美眼にはあまり引っかからず、彼の寝室の壁に貼ってあるコルクボード上には、お気に入りのファッション写真がピン留めされていた。特に好きだったのが、セシル・ビートンとホルスト・P・ホルストの写真。「女性の理想のルックスが、ヴォーグのページを眺めているときに形成されたことは間違いない」と、ブラニク。「わたしにとって、それは完全に魔法の世界であり、ただ、ただ美しかった」。

マノロ・ブラニクほど、アンクル・ストラップの力を知るものはいない。1995年にマリオ・テスティーノが撮影した、黒のエナメルレザー・ピープトウの斜めにかかるストラップのシルエットは、靴を官能的であると同時にエレガントにしている。

幼いマノロは、靴にはさほど興味を持たなかった。当時、靴はファッション界でも、女性の全身像に対する添えものとしか見られていなかったのだ。しかし、母にとって靴が非常に重要なことは理解していた。戦争による制限のせいで、マヨルカ島から靴がほとんど入ってこなくなったため、マヌエラは流行についていけなくなったことにイライラを募らせた。そこで、地元の靴屋ドン・クリスティーノに頼んで靴づくりの基礎を教えてもらった。布さえ見つかれば、ハンマーを手に片っ端から自分のサンダルを作っていた母の姿は、マノロの幼少時の最も鮮明な記憶のひとつだ。彼は今でも、当時作られたうちの二足を、バースにある二連結のジョージアン様式の家で、約3万点はある自らの試作品とともに保管している。彼はここを、我が家と呼んでいる。

母の尻から形成された、ブラニクのパワフルな女性像は、そのデザインにも浸透している。「わたしはフェミニストなのだ」と、ブラニク。「強く、自信に満ちた女性を崇拝している。男性よりも、まったくもってすばらしい」。愛してやまないこうした女性たちにブラニクが捧げた最高の贈り物は、「たちどころに自信がつくパワー」だ。ファッション・ライターのジュリア・リードはこう述べる。「マノロの靴は、履くとたちまちセックスアピールが備わり、可能性が広がった気分になる。わたし自身は、彼の靴を履くと、この世界で歩けないところはひとつもないような気分になれる。反対者、つまりはどんな男性も、説得できそうな気になるのだ」。

しかし、彼にインスピレーションを与えたのは母だけではなかった。自身の世代よりもずっと昔の物語に没頭することが多かったブラニクだが、そこにも彼のフェミニズムのヒントがありそうだ。とりわけ影響を受けた作品は、マーガレット・ミッチェルの『風と共に去りぬ』。5歳のころのブラニクを寝かしつけようと、母が読み聞かせた。10代になるころには、父の古典好きから距離を置くようになっていたブラニクは、イーヴリン・ウォー、ナンシー・ミットフォード、そして特に、ヴォーグに掲載され

broncolor

た写真からその著作を知ることとなったセシル・ビートンなど、2つの大戦間に登場した新しいイギリス文学を熱心に読んだ。

映画も重要なインスピレーション源だった。幼少時の記憶によると、ブラニクは4歳のときに乳母に連れられて『白雪姫』を観にいき、完全にうっとりとしたという。映画狂の人生はこの瞬間に始まったのだ。あらゆる芸術のなかで、ブラニクの作品、とりわけ女性のありかたに対する彼の考えに最も長く影響を与え続けているものは映画だといえる。10代のとき、家庭教師から授業を受けながら、ノートにドレスを着たブリジット・バルドーのいたずら書きをしていたというブラニク。オードリー・ヘプバーン、グレタ・ガルボ、ジーナ・ロロブリジーダ、そしてつねにお気に入りのロミー・シュナイダーといったスクリーンのアイコンたち全員が、ブラニクの創造性の潜在意識に埋め込まれている。ブラニクが崇拝する女性はだれもが、書籍、スクリーン、名画のどれに登場しようが、優雅さと強さをたたえ、自らのスタイルを貫く勇気を持ち、ある種の触れがたい威厳を放っている。彼女らのそうした本質に、人を強く魅了する秘密があるのだ。

ファッション・ライターのコリン・マクダウェルはブラニクが靴をデザインしているところを何度か目撃し、その際にいつも靴に女性の性格を与えていたことを証言している。「ブラニクが靴に表現された女性の人生について語るとき、彼の手は紙の上を飛ぶがごとく縦横無尽に走っていた」と、マクダウェルは自身のコラム「ビジネス・オブ・ファッション」に書いている。「彼女はダルエスサラーム出身」と、ブラニク。「彼女を殴る夫を置いて、今、駅に向かっている。愛人の腕のなかに抱かれて自由を勝ちとるため、列車に乗ってこの街を離れるのだ」。そのとき彼が作ろうとしていたのはウェッジヒール(くさび形のヒール)。イラストを描く前から、マノロの頭のなかにはその靴に関するすべてがあるのだ。

ブラニクによる
デザインの秘密のひとつは、
脚を長く、美しく見せられることにある。
2000年に
レイモンド・マイヤーが撮影した
ターコイズ色のミュールのストラップに
施されたアシンメトリカルな
カットを見れば、それは明らかだ。

p.40：
ブラニクはゴールドを使った
デザインをこよなく愛し、
何度も登場させている。
そこに込められた
「ゴールドによって、女性は女らしさと
力強さを同時に感じられるのだ」
というメッセージは、1996年に
マリオ・テスティーノが撮影した
ハイヒール・ブーツが体現している。

‘ハイヒールを
履けば、
あなたは変わる’

マノロ・ブラニク

「この靴はリオ出身の女性向け。だからカルメン・ミランダと名付けた！」と、ブラニク。「とても情熱的で、ちょっとがさつ。だけど、いつも笑っていて、楽しいことが好き。そしてヒールについているバラの花が大好き。このバラのおかげで、夫のお金を心置きなく使い果たせる…。これは、気分のすぐれない日にぎりぎりリズ・テイラーになれる靴…。この女性は、エジンバラみたいにちょっと堅苦しい…。このサンダルは、美しいイタリア娘向け…」。

ブラニクの頭のなかでは、どの靴にも（ハンギシ、ラゾッサ、フアアラライなど、それぞれにエキゾチックな名が付けられている）ストーリーがあり、そのどれもが、高い教養に裏打ちされたブラニクの潜在意識の深い部分から生じている。芸術家のピーター・シュレシンジャーはかつてこう語った。「見たもの、聞いたものすべてを完璧に覚えているマノロの頭のなかは、事実と感情の資料庫だ。ヴィスコンティの官能やカノーヴァのロマンスから、セシル・ビートンのウィットと洗練まで、彼の芸術にはすべてが表出している」。

チェリーと葉をあしらったサンダル「チェリー・シュー」のイラスト。1971年にファッション・デザイナー、オジー・クラークに初めてデザインした靴のひとつ。これらの靴は、ゴム製ヒール内に支柱がなく、技術的に問題があった。しかしありがたいことに、美しさのおかげで、特に問題にならずに済んだ。

1971年、チェリーと葉で飾られたサンダルをオジー・クラークのために初めてデザインした年、ブラニクは、ロンドンのラウンドハウス・シアターでルキノ・ヴィスコンティを見かけた。ヴィスコンティが監督した1954年公開の映画『夏の嵐』を観た10代のブラニクは、その音楽、衣装、美術の神がかった組み合わせに、昏睡状態におちいりそうなほど感動した。ブラニクが愛読する、ジュゼッペ・トマージ・ディ・ランペドゥーサによる小説がベースになっている『山猫』は、19世紀のシシリアを舞台に変わりゆく上流階級を描いた映画。ヴィスコンティの偉大な芸術作品であるともいえ、ブラニクは何度も繰り返し観賞した。突然のヒーローの出現に臆したブラニクは、ヴィスコンティになかなか近寄れなかった。しかしなんとか勇気をふりしぼり、監督にひとつだけ質問をした。そのときにもらった回答は、ブラニクの仕事に永続的な影響を与えることとなる。ブラニクの質問はこうだ。「貴方のほとんどの映画で、衣装が重視されているのはなぜですか？」 対する偉大な監督の答えは、「伝統がなければ、我われにはなんの意味もなくなるからね」だった。ファッション史に非常に重要な貢献をした人物は例外なく博識だ。その例に漏れず博学なブラニクは、長年の間に、文化領域に関し百科事典並みの知識を蓄えていた。過去に関する知識なくしては現在に価値あるものを創造することは不可能なことを知っているのだ。彼の靴にエッジを与えているのは、なにはさておいてもこの点だろう。

Cherry shoe made in 3 colour suede

Manolo Blahnik for Ossie Clark
London 1971, Royal court show.

ブラニクはつねに2通りの方法でものづくりに取り組んできた。「1年を通して見ると、少数の富裕層向けにアバンギャルドなルックスの靴を時おり作り、ずっと履けそうな堅実なルックスのデザイン数点を、年に2回、冬と夏に作っている。ベーシックで良質なデザインは永続するのだ」。たとえば、完璧なパンプス「ハンギシ」を例にとると、ナポレオン一世とジョセフィーヌ・ボナパルト、ポーリーヌ・ボナパルトから着想された装飾入りバックルが付いている。ブラニクがイタリアで見つけた、その基となったバックルにより、過去と現在が視覚的に融合し、18世紀の宮殿を21世紀のダンスフロアに持ち込める。その対極にあるバース・ブローグは、クラシックなオックスフォード靴をフェミニンに解釈したもの。履くとたちまち、ジャズクラブやシガレット、ピンカール、タイプライターの世界に連れて行かれるが、それでいて、最先端のラップトップ・コンピューターをバックに入れていても違和感はない。「真のフェミニンは時代を選ばない」と、ファッションの魔法使いの全権威をかけてブラニクは宣言する。

p.44-45：ブラニクが描いた美しいイラストのうちの1枚「プリンシペ・デル・ランペドゥーサ」。レッドサテンのイブニングシューズ。アンティークのシシリア・サンゴがゴールドのナパ革片でくくりつけられている(左)。名称は、ブラニクが好きな小説『The Leopard』の著者にちなんでいる。すばやく、さらさらとデザイン画を描くブラニクだが、技術的正確さも備わっている(右)。日本のトンボ筆ペンを使用。ファッション歴史家のコリン・マクダウェルは、「次から次へと、ブラニクの肥沃な脳からデザインがこぼれ出てくる」と述べている。撮影：イアン・クック

靴づくりにおけるブラニクの偉大な先達たちは、ファッションを超えるなにかを持ちあわせていたことが、全員に共通している。だれもが、周囲に存在するスタイルの限界の先を見通せる一定レベルの知性を持っていたのである。「靴職人にインテリが多いことは特筆に値する」と、歴史家のエリック・ホブズボームも自身の論説集『Uncommon People』で述べ、中世の時代から、靴職人には高度なリテラシーと高い政治意識があったことを指摘している。第一次世界大戦前、パリのクリュニー中世美術館の学芸員だった、研究者兼知識人のピエトロ・ヤントルーニは裕福な得意客のために靴を作っていた(2年以上かかることもある靴づくりに対し、1,000ドル相当の前金を請求した)。彼のあとに登場したのがアンドレ・ペルージャ。そのコンセプチュアルな作品はシュールレアリストや、エルザ・スキャパレッリを魅了した。1950年代にはサルバトーレ・フェラガモが、靴のデザインをできる限り快適にしようと55歳から解剖学を学び始めた。そして、ブラニクに最も近い先達である偉大なロジェ・ヴィヴィエは、クリスチャン・ディオールとの仕事において、過去を掘り下げることにより、過激な未来への道を開いた。

ブラニクが10代になるころ、両親は、息子は島を出て世界を探検する必要があると考えた。11歳まで家庭で教育を受けた彼は、スイスのヴィリエにある全寮制の学校に入学させられる。厳格で如才ないビジネスマンだった父はその後、息子に外交官になって欲しいと願い、ジュネーブ大学の国際法課程に入学させた。この時マノロは、父のいとこであり、スイスに駐在するギリシャ大使と結婚していたフレデリックおばさんの家に下宿した。頼りがいがあり、家族からタンテ（大きな）ベダと呼ばれていたこのいとこ叔母は、堅苦しく、退屈この上ない法律の授業よりもずっと長く役立つ人生の教訓を伝授してくれた。「幸せって、それまでで一番エレガントなハンドバッグを全色揃えることよ」という彼女の言葉をブラニクは覚えている。ベダは、ありとあらゆる最良の演劇やオペラ、レストランにブラニクを連れていった。若い従甥に、エレガントでスタイリッシュに生きる術を教えてくれたのだ。彼女からは「ご婦人の椅子を早く引きすぎてはだめよ」とか、「マノロさん、話すときは、あまり雑音を立てないようにしなさい」。などと、しつけられた。

法律の授業に興味を持てなかったブラニクは、文学課程への変更を許してもらった。休暇になると、父はブラニクを職業体験に送りこんだ。「たとえば、国連などに行かされたんだけれど、馴染めなかったね」と、ブラニク。モントルーの国際会議で雑用係として働いたとき、スタイルにまつわる潜在意識を刺激する店を見つけた。1979年に行われたヴォーグのインタビューで、ブラニクはジョアン・ジュリエット・バックにこう語っている。「その店には端切れや、20年代のツイード服地がたくさん売られていた。その生地で作ったスーツは今も持っている。新鮮な体験だった。ほかのだれも持たないものを欲しくなったのは、それが初めてだったから」。

全寮制の学校を卒業した1965年には、ブラニクはジュネーブでの静かな暮らしに退屈していた。そこで両親は彼を今度はパリに向かわせ、エコール・デ・ボザールで芸術を、ルーブル美術館大学で舞台美術を学ばせた。厳しい両親ではあったが、ブラニクを押さえつけることは決してしなかったのである。

『マノロの頭のなかは、事実と感情の資料庫…
彼の芸術には、そのすべてが表出している』

ピーター・シュレシンジャー

ブラニク自身がいう通り、「両親は、わたしがなにをしようが気にしていなかった。いつも『幸せになれることをしなさい』という態度だったのだ。しかし、自分の時間を無駄にするべきではない、ということを指摘するときは、2人とも苦労していた」。そんなわけで、それから3年後の1968年、英語を完璧にするためにもスウィンギング・ロンドンの本場に行かなくてはならないと伝えたとき、両親は、語学学校デイビス・スクール・オブ・イングリッシュに通うことを条件に、ブラニクを支援してくれたのである。自身も大のイギリス好きだったエナン・ブラニクは、イギリスのありとあらゆる風物に対する愛を、子どもたちにも伝えた。息子にとってのイギリスは、もっとラジカルな魅力を放っていた。ブラニクの頭のなかのイギリスは、シットウェル、ビートン、バーナーズの異質な作品が許容され、奨励され、繁栄までしている場所だったのだ。「イギリスはわたしのような人間にとって最後の避難所だ」と、ブラニク。「わたしのような変わりものがリラックスできる場所なのだ」。この憧れこそが、ブラニクにとってイギリスの最大の魅力だった。イギリス特有の風格ある邸宅、アフタヌーンティー、テイラーメイドのスーツ、ツルバラ…。到着と同時に、ブラニクは故郷にいるような気分になった。

ブラニクの作る靴は、
青い空の下で歌いだしそう。
このターコイズ色のミュールは、
うっとりするような色調の黄金に
ヒールが輝き、
靴底の暗がりから突き出ている。
1994年に
デューイー・ニックスが撮影。

p.50-51：
ホットピンクとターコイズが再び
絶妙なコンビネーションを見せた。
2008年、強い日差しの下、
ハヴィエル・ヴァロンラットが撮影。
幅広で特大のバックルが、
オープントゥの
ハイヒール・サンダルを
さらにドラマティックにしている。

マスクは甘く、自由に使える金もそこそこにある情熱的な若者にとって、困難はあまりなかったことだろう。コリン・マクダウェルがかつて端的に指摘したように、ブラニクは社会が支持する美しい男性という階級に入りこみ、魅力的で楽しい人間となる以外のことは、まったく求められなかった。しかしブラニクは、ごく若く、感受性も強いころから職務上の強い倫理感を持っていた。「もちろんパーティーでどんちゃん騒ぎはしていたけれど」と、ブラニク。「パーティーほどではないにしろ、一生懸命に働いたよ」。そして現在、二面性のある男とされているブラニクだが、それには幼少期のしつけが直接影響しているようだ。ひとつは、軽くてうわついたエンターテイナーの顔。根っから陽気な南欧人の気質だ。もうひとつは職人の顔。もっと真面目で知的で、禁欲的とまでいえる職業倫理の持ち主。ブラニクは、厳格な東欧人の末裔でもある。そんな彼だからこそ、2つの世界が衝突するイギリスで成功したのだろう。ブラニクの友人、エリック・ボーマンはこう語っている。「花開ける庭をこの男に与えたイギリスに、感謝を」。

D&G

『完璧を求める魂』

ベアトリックス・ミラー

足のための宝飾品

一見、軽薄そうに見えるが、マノロ・ブラニクはつねに優秀なビジネスマンだった。1973年、この若い靴職人は、2,000ポンドの借金をしてザパタをオーナーから買い取り、チェルシー地区のオールドチャーチストリートにブティックを開いた。事業の立ち上げに際しては、妹のエヴァンジェリーナに協力を求めた。「なにはともあれ、わたしは母の気質を受け継いでいた」と、ブラニク。「エヴァンジェリーナは、父に似ており、活発で商売熱心だった」。互いを唯一の遊び相手として育った兄弟はいつも仲がよく、その後長年にわたり、事業に関するエヴァンジェリーナのアドバイスを「なにはさておいても最重要視」したことを、ブラニクはすぐに認めている。

店は初めから大繁盛で、借金は3年とかからず完済できた。お洒落な女性たちが、この小さな美しい靴の城を拝みに大挙して詰めかけた。この店は、輝かしいグローバルブランドのロンドン旗艦店として、今も残っている。有名人はだれもがザパタで靴を買った。シャーロット・ランプリングやマリサ・ベレンスンなど、流行を先取りした若い女優たちもショッピングに来店。ジェーン・バーキンも例外ではなかった。「バーキンの両親がすぐ近所のチェイニー・ウォークに暮らしていた」と、ブラニクは回想する。「彼女の母である女優のジュディ・キャンベルが、ある日、店に現れ、映画監督のフェデリコ・フェリーニに会いにイタリアに行くのだけれど、立っていることが多そうなので、履きやすい靴が欲しい、と言ってきた。そこで、裏地がなく、かかとの小さなサテン地の靴を作ったんだ。とても誇らしかったよ！」

ヴォーグの編集者、
アレクサンドラ・シャルマンは
1994年7月号に
「ハイヒールを履いて、ハイになる」
という記事を書いている。
そこに添えられたのは、
レイモンド・マイヤーによる、
このブラニクのストラップ付き
メタルヒール・サンダルの写真。
エレガントで、幽玄で、
クラシックな優美さをたたえている。

ローレン・バコールのような往年のスターまでもが、ロンドンに来るとこの店に立ちよった。デザイナーその人を見たくて来店する客も少なくなかった。マイケル・ロバーツは、タトラー誌の記事でブラニクについてこう書いている。「ブラニクが足早に歩き回り、最新のヴォーグについてコメントしたり、助手たちに厳しく指示したり、友人たちに電話で弁舌さわやかに語っているようすを見るたびに、お客たちはくらくらよろめている」。しかし、いくら魅力的でも、人物だけで靴は売れない。女性を夢中にさせるのはやはり、デザインなのだ。その靴は、クラシックな美と、スタイルの革新性を兼ね備えていた。靴のスタイルの主流が、重々しい靴底にまだ支配されていた時代、ブラニクのデザインは、フェミニンな繊細さを備えていたことが、他と一線を画していた。靴底の軽やかなタッチ、細いアンクルストラップ、彫刻的なヒールに特徴があるばかりでなく、ブラニクはピンヒールを復活させ、以後、一般化させている。「わたしのテーマはあまりに軽すぎて、当時の趨勢に真っ向から逆らっていた」と、ブラニク。彼が真に有名になったのは、一連の「靴」によってだった。できるところはすべて細く、狭くした。ヒールは細くなり、つま先はとがり、ストラップは華奢になっていった。ブラニクのデザインは、カーブし、動きがあり、すべてが正しい位置に収まってはいるが、かわいらしいバックルがここにあると思ったら、小さなタッセルがあそこについているという風に、細部が気まぐれであることが多い。そこが、完全に新しかったのだ。

「流行の先端をいく若い女優たちはいつもブラニクのデザインを待ち望んだ。バリー・ラテガンが1978年に撮影した若き日のグレタ・スカッキの写真がフィーチャーしているのは、当時、ハイファッションにしてはリーズナブルな37ポンド(現在の約190ポンドに相当)のバックル付カラメル・レザー・サンダルだ。

ロンドンのファッション・エディターたちを引きつけたのは、ファッションの有名人としてのブラニクの魅力と同じく、このオリジナリティだ。そして、彼女らからのサポートこそが、最も永続的なインパクトをもたらしたのだ。「グレース(・コディントン)とマンディ(・クラッパートン)、マリット(・アレン)は、店に入り浸っていたよ」と、ブラニク。「わたしをマノラと呼んでいた。『マノラ、マノラ、撮影するわよ!』なんて、叫んでいたものだ」。コディントンが、当時、ヴォーグの編集者だったベアトリックス・ミラーに、この若い靴職人をモデルとして誌面でとりあげるべきだと推薦したときの説明文は簡単だった。「彼は協力的で、撮影用の靴を提供でき、一点の曇りもなく美しい自前の衣装を着てやってきます」。お気に入りのスタッフたちを信頼することで有名な女性、ミス・ミラーにとっては、それで十分だったのだ。

ベアトリックス・ミラーの偉大な才能は、才能を見つけだすことにあった。「ミラーは天才だった」と、ブラニク。「その時の大衆の望みを理解し、それをかなえられるのはだれかを知っていた。彼女が唯一言っていたのが、『行き過ぎはだめ。やり過ぎもだめよ』だ」。ヴォーグの女性たちとの協力関係をブラニクは今、こう振り返る。「彼女らはわたしを世に広めたがり、わたしは、それを望んでいた。双方の目的がぴったり一致していたんだ。実際わたしたちが欲していたことは、いつも同じだった。つまり、大衆が買いたくなるような、でも一番重要なのは、ミス・ミラーが気に

『なんだい、このストリート・スタイルは?
わたしは、応接間スタイルのほうがずっと好きだね』

マノロ・ブラニク

入るような、美しい作品を創造することさ！」ブラニクはミス・ミラーを愛おしげに思い出す。「彼女が大好きだった。典型的なイギリス人で、控えめ。なにを考えているのかは分かりづらかったが、聡明で、つねに物事を観察していた」。しかし、なにはさておいても重要だったのは、ミス・ミラーもブラニクを好いてくれたことだ。「完璧を求める魂」ミラーはブラニクの作品についてそう述べ、自らの雑誌において、とびきり個性的な方法で頻繁に紹介した。

とりわけ印象的なのが、初期の2つの特集のページだ。「オジー・クラークのオリジナル」と題された1973年3月の記事では、デビッド・ホックニーが描いたセリア・バートウェル（クラークの妻であり、テキスタイル・デザイナー兼画家）とビアンカ・ジャガーのドローイングが、スタイルとオリジナリティの点で際立っていた。これらの絵を眺めると、ジャガー夫人の足元に自然と目がいく。ビアンカ・ジャガーはブラニクの大親友であると同時に、サポーターとしても非常に目立つ存在だった。1977年にスタジオ54で開かれた誕生パーティーで、ホルストンのドレスを着た彼女がブラニクのストラップ付きホワイト・ヒールを履いて白馬に乗ったことは有名だ。ホックニーのドローイングでは、短髪のジャガーが、細部にスパンコールが施された、装飾付きイエロースエード底のミュールを履いている。

その1年後の1974年2月号に、美女の額装写真がページいっぱいに掲載された。撮影は、デビッド・ベイリーだ。黒いクレープデシン・ドレスをまとい、クチナシの花のベルトをつけた女性がタバコを手にポーズをとっている写真が化粧台の上に載っている。額の片方の隅には、パール・チェーンが掛けられている。その隣にはアンティークのガラス製香水瓶。彼女が履いているアンクルストラップ付きエナメル製ピーブトゥ・ヒールの見せ方としては、考えられうる最高の方法だろう。クラシックだけれどウィットに富み、伝統主義だけれどオリジナル。この写真は、ライター兼キュレーターで、ヴォーグの元写真編集者でもあるロビン・ミューアが20年前にブラニクと行った対談を思い出させる。「なんだい、このストリート・スタイルは？」と、ブラニクは憤慨した。「わたしは、応接間スタイルのほうがずっと好きだね」。

ブラニクは、「よく似合う靴が女性を変身させるようす」を見るのが大好きだった。デビッド・ベイリーが1974年に撮影した写真では、ブラニクのオープントゥ・サンダルが光と優雅なタッチを加え、ベルト付きブラック・ドレスのシャープなシルエットを相殺しつつ、淑女らしいムードを保っている。

ミス・ミラー率いるヴォーグ編集室は、現在とはかけ離れていた。ハノーバー・スクエアにあるコンデナスト・ビルの6階は、ほとんど写真スタジオと化し、デビッド・ベイリー、テレンス・ドノヴァン、ブライアン・ダフィーといった彼女お気に入りの写真家たちが、ヴォーグの記事のためにファッション・ストーリーをスタジオ撮影していたことが、その主な原因だ。「あそこにいつも入り浸っていたものだ」とブラニクは、当時を回想する。「女性編集者たちに話しかけ、最新のデザインを見せては撮影用の靴を持ち運んでいた。当時、フェデックスみたいな宅配サービスはなかったから、靴をカバンに詰めて自分で持っていったんだ」。ブラニクは、撮影に立ち会うことをとても好んだ。ノーマン・パーキンソン(「最もシックで紳士的な男」)やデビッド・ベイリー(「飛び切りわんぱくで、楽しい」)が担当するときは特に。一度グレース・コディントンが、ノッティングヒルにあるブラニクの白亜のアパートメントを記事の撮影場所に使ってはどうか、とパーキンソンに薦めたことがあった。「慌てて安いシャンパンを買いにいき、スモークサーモンと一緒に出した。パーキンソン氏は、最高だと褒めてくれたよ!」

ベイリーの撮影は、もっとワイルドでざっくばらんだった。たとえば、1975年9月号に掲載された写真は、あるパーティーで、たまたま撮られたものだ。そこに、ブラニクが再び登場していた。ボタン穴に花を差し込んだ黒のタキシード姿で、ベイリーの当時の妻、モデルのマリー・ヘルビンを興味深げに眺めていた。「あの時は、みなでウォッカを飲り、音楽をかけて楽しんでいたんだ」と、ブラニク。「ベイリーにしつこく勧められた、口ひげをつけることは嫌だったがね。まっぴらごめんだった！　ほら、安っぽいメキシコ人ウェイターみたいじゃないか」。

この時代のヴォーグのファッション写真は、衝撃的なまでにモダンで生き生きとしている(そのほとんどにブラニクの靴が使われていた。全ページに登場することも、まれではなかった)。写真を眺めるだけで、そのパーティーの世界に入り込めたのだ。ジャマイカのビーチでジェリー・ホールとダンスしたり、マリー・ヘルビンやサンディ・リーバーソン(マリット・アレンの夫、映画プロデューサー)とシャンパンを飲んだり、シガーを吸ったり…。こうした写真に必ず映りこんでいたのが、時代精神だ。イギリス史においては、音楽がとりわけ騒々しくなった時代だった。

1975年、ブラニクは再びヴォーグのために、
デビッド・ベイリーのカメラの前に立ち、
彼のハイヒール・イヴニング・サンダルを
履いたアメリカ人モデル、
マリー・ヘルビンとともにポーズをとった。
「この種の仕事で報酬をもらったことは
一度もなく、ただ楽しんでいた」と語っている。

p.62-63：マリー・ヘルビン(左)と
ブラニクの親友でありインスピレーションの
源でもあるモデル、ティナ・チャウ(右)が、
ブラニクの官能的なメタリック・デザインが
グラマラスな効果を放つようすを披露。
ともに、デビッド・ベイリーが1976年に撮影。
「70年代は、だれもが昼夜を問わず
ゴールドやシルバーの靴を履いていたんだ」
と、ブラニク。
「作るのが追いつかないぐらいだったよ」。

p.65：
1977年、ベイリーが再びヘルビンを撮影。
ブラニクの繊細なストラップ付き
ショッキングピンク・サンダルを履いて。
「自分の靴を水着に合わせるのが、
たまらなく好きだ」とは、デザイナーの言。

‘セクシーと
思えるものは、
なんでも
靴にとりいれた’

マノロ・ブラニク

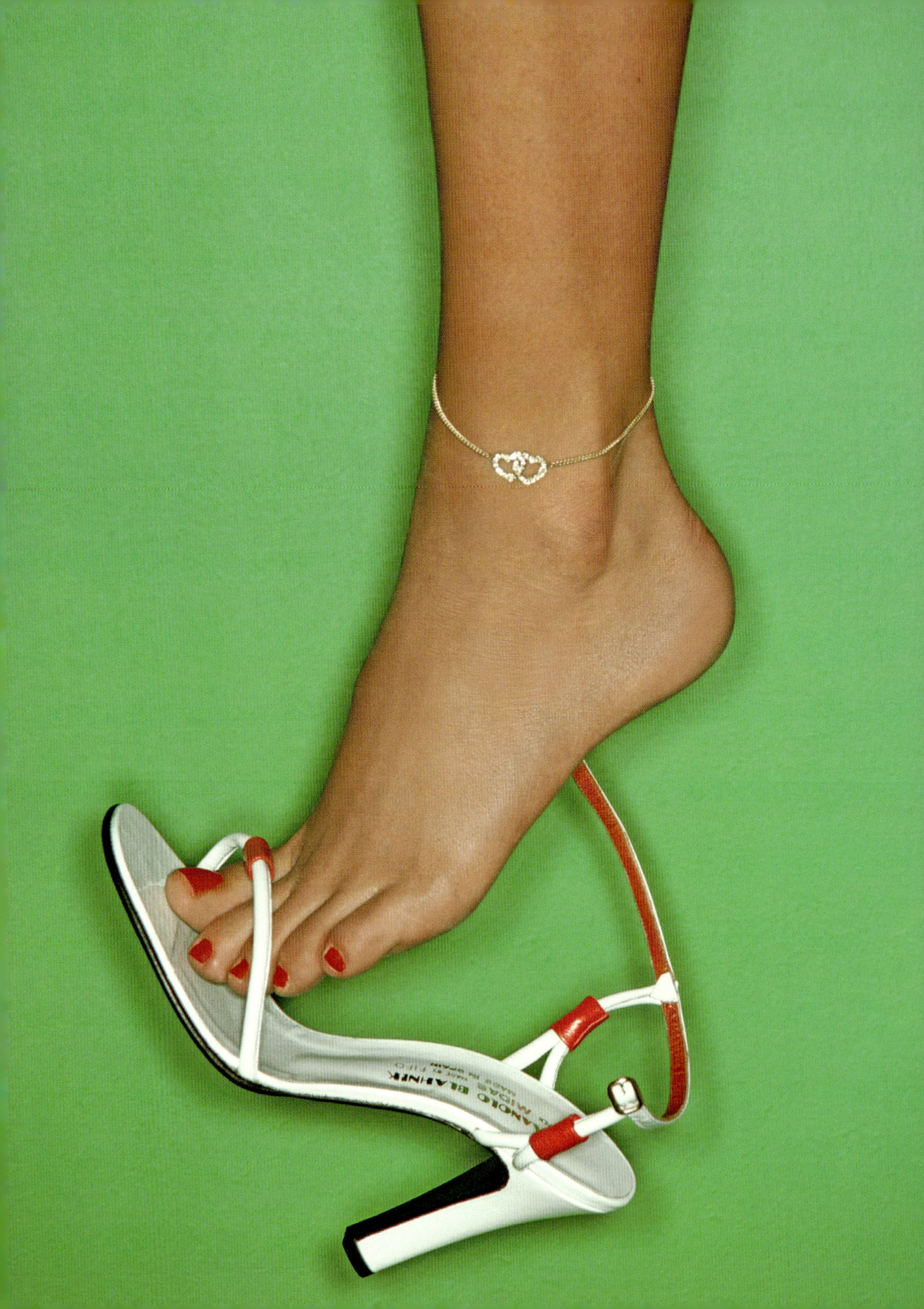
BLAHNIK

ブラニクのデザインは、あの時代にストレートに命中した。そこにあったのは、足のための宝飾品。ダンスしたり、遊んだりするためのゴールド、シルバー、鮮烈なエレクトリック・レッドやピンクの靴だ。ジーン・ミューアのジャージー・ドレスに合わせるのと同じくらい、ほとんど裸のノーティカのワンピース水着に合わせても素敵に見えた。今見ても、これらの靴は新鮮で現代的だ。どんな秘密があるかって？ブラニクの靴は溶け込まず、はっきりと個性を主張してくる。そして確かに、21世紀の女性のあり方に合っているのだ。

事業がどんどん拡大する一方で（「特にゴールドとシルバーの靴はクッキーみたいに売れるよ」と本人も発言）、ブラニクが有名になるとちょっとした問題も起こった。スペイン語で靴を意味する「zapato」をベースにした「ザパタ」という名称の使用を止めるよう、スペインのある企業から訴えられたのだ。この係争は数年間続いたが、結局はブラニクが折れて社名をマノロ・ブラニクに変えることになった。ヴォーグ1977年6月号に掲載されたローター・シュミットが撮影した写真は、ストラップ付サンダルの中敷きにはっきりと「マノロ・ブラニク」の名が見てとれるが、デザイナー本人は悲しげな表情。「まあいいよ。今じゃ慣れたしね。でも実のところ、自分の名前は嫌いなんだ。イギリスではエキゾチックに聞こえるかもしれないが、スペインでマノロといえば、マタドールやベルボーイ、タクシー運転手を連想させる名だ」。ブラニクの名がファッション用語に名詞として加えられたことは、彼の成功を示す指標ともなった。「マノロ」はとびきりラッキーな女性が所有する靴を意味し、彼女らは自分のマノロの長所をつねに褒めそやすようになった。とりわけ興味深いのは、マナーのよさでは折り紙付きのその作り手が、自らのクリスチャン名についてよく知らないがために、その名で呼ばれることを夢にも考えなかったことだ。

少量の赤が完璧に配された、
このデリケートな白い
ハイヒール・サンダルのデザインは、
シンプルでモダンだが、クラシック。
1977年にローター・シュミットが撮影
したときと同様に、現在のヴォーグの
誌面にもしっくりきそうだ。

p.68-69：
繊細そうな十字ストラップで
足にしっかりと固定されたブラニクの
ハイヒール・ピーブトゥ・ブルー・
サンダルで颯爽とお出かけ（左）。
1979年に
アレックス・シャトランが撮影。
ブラニクは、靴の彫刻的なヒールと
トゥを強調しつつも、ジーン・ミューアの
クラシックなチュニックドレスを
圧倒せずに引き立てる飾りとして、
ゴールドを使った（右）。1977年に
ウィリー・クリスティーが撮影。

『わたしの靴は、目利きの足専用だ』

マノロ・ブラニク

70年代後半まで、ブラニクは、技術的な不安はまだ多少残っていたものの着実に成功を続けた。ブラニクの自信の大部分は、そのアイデアからきていた。自分とって70年代の精神を代表すると思える女性に心酔していたのだ。ティナ・チャウは、若干16歳で日本の化粧品会社、資生堂の顔となったアジア系アメリカ人ファッションモデル。その後は、ファッションの仕事が殺到し、特にセシル・ビートンに気に入られた。70年代初めにマイケル・チャウと結婚。一緒に立ち上げた北京料理レストラン、ミスター・チャウズは、ロンドンで最もホットなファッショナブル・スポットのひとつとなった。短く刈り込んだ髪型がショッキングだが美しいティナ・チャウを大勢にとってのアイコンにしたのは、自身のブランドである、ハイファッション・ミニマリズムだ。

ブラニクは、彼女に出会うなり、そのとりこになった。「キングスロードのアンティーク市場にいたとき、チャウが歩いてきたんだ。彼女を見た瞬間に『なんてことだ、この娘は…』と思ったよ」。その後、チャウズで会ったことがきっかけで育まれた固い友情は、彼女が1992年にエイズで41歳という早すぎる死を迎えるまで続いた。「チャウはわたしのキャリアを活性化した立役者だ」と、ブラニク。「電話して自分の靴の話ができるのは、彼女しかいなかった。進んだ考えの持ち主で、強力ですばらしいアイデアを持っていた。前進し、やるべきと思ったことではなく、やりたいと思ったことをやるよう、だれよりも励ましてくれたんだ」。

「丈は長くなり、色は明るくなり、情熱的で、カフやカラー、あるいはタイがついている。この新しい靴はブーツ風なのか、それとも、靴風なのか？」とヴォーグは、ブラニクの靴が時代とともに変化していることについて言及。撮影はアルバート・ワトソン、1979年。

p.72-73：
ブラニクによるスカーレット・レザー製結び目付ミュール（左）と、つま先と足首を結ぶエメラルドグリーンのサンダル（右から2足目）が、他のデザイナーの靴を圧倒している。ヴォーグ1978年、アルバート・ワトソンが撮影を担当した記事『ヒールのパワー。幻惑的なレザー使いとラッカー・カラー』より。

ブラニクの靴はヴォーグ誌上で定期的にとりあげられたが、彼はそのたびに自信を強めていったと見られる。色はますます明るくなり、デザインも大胆になっていった。「ああ、わたしのノット（結び目付き）シューズ！」とブラニクは、1978年6月号の見開きページに掲載された4足の靴の写真を見て叫んだ。そのうちの2足は彼がデザインし、他は当時のライバルであるシャルル・ジョルダンとラッセル・アンド・ブロムリーの商品だった。緋色のレザーを使ったノット・シューは、さまざまな変遷を経たものだ。「フラットとハイヒールの両方を作ったんだ」とブラニクは、記憶をたどる。「これを完成するには時間がかかった」。

このページのもうひとつのブラニク作品である、つま先と足首のストラップが結ばれたエメラルドグリーンレザーの靴は、デザイナーの大のお気に入りだ。「また植物の葉を使ったからね」と、ブラニクは指摘する。

興味深いことに、ベストセラーの靴がブラニクのお気に入りとは限らなかった。「わたしはこの靴が大好きなのだが、他のみなは、そうではないようなのだ」。1979年にアルバート・ワトソンが撮影した記事が現れたとき、彼はそう言って笑っていた。掲載されていたのは、赤、ホットオレンジ、緋色のファーが付いたブラックスエードのハイカットパンプスだ。「まあ、気にしないけれど」と、ブラニクは肩をすくめた。「人が求めるものを作っているわけじゃない。そうしたことは、一度もなく、自分が好きなものを作っている。顧客もそれを好きなら、なおよし、というわけさ」。

ノット・シュー・デザインの
バリエーションのひとつである
ブルー・スエード製の靴は、
ブラニクが生み出すエレガントな形が、
着用者の脚を
いかに長く見せられるかの好例だ。
1978年にアルバート・ワトソンが撮影。
スタイリングは、ブラニクの友人であり、
ファッション・メンター（指導者）でもある、
グレース・コディントン。

p.76-77：
今にも飛び込みそうなジェリー・ホール。
足には輝くヒール付きの
金線細工のゴールド・サンダル。
1976年にウィリー・クリスティーが撮影（左）。
ヴォーグが特に気に入っていた
レッドエナメルのハイヒール・サンダル。
1978年、グレース・コディントンと
アルバート・ワトソンのコンビが撮影（右）。

ブラニクはファッションの気まぐれな変化に惑わされたことは決してない。彼の成功の秘密は、何にも増してこの点にあると考えられる。「マノロは必ず自分の思い付きを通してきた」と、友人のエリック・ボーマンは語る。「ファッションが未来の到来を切望し、どうやらそのせいで新奇なものを取り入れていた時代、この動きに乗じることを拒むマノロに激怒する人間もいたんだ。でも、ブラニクの靴に足を入れたときに、自分の脚がどのように見え、姿勢がどのように変わるのか、ということに魅了された女性たちにとって、そんなことはどうでもよかった。結局、女性を最も美しく見せるということが圧倒的に重視され、そこにこそ、マノロ・ブラニクの成功の秘密のひとつがある」。ブラニクのデザインは流行遅れになったことがない。それはそもそも、流行の渦中にいたことがないからだ。彼のデザインは、それ自体が完璧な存在なのだ。ブラニクは、著名なファッション・ライター、スージー・メンケスにこう語ったことがある。「わたしの靴は、ファッションではない。ジェスチャーだ」。ブラニクは過去に、雑誌からインスピレーションを得たことはなく、そう望んだこともない。彼の創造性は、もっとずっと深い領域から生じているのだ。

『ブラニクの靴は、創造力にあふれ、勢いがある』

マイケル・ロバーツ

ブランクが登場するまで、靴の多くはファッション・デザイナーたちが設定するファッション・トレンドに従っていた。しかし、20世紀の終わりの2〜30年間に、靴はファッショナブルな外見において重要なメッセージを発するようになった。ファッションという軸は移動し始め、マノロ・ブラニクはその動きの中心にいたのだ。帽子が40年代に達したレベルに、靴は80年代に達したのだといえる。「靴を独立させたのは、マノロ・ブラニクだ」とコリン・マクダウェルは、自著であるブラニクの伝記で述べている。「ファッションにおける彼の最大の功績は、ファッションにおいてアクセサリーをパワフルな要素にし、アクセサリーにおいて靴を最も重要なアイテムにしたことだ」。帽子職人のステファン・ジョーンズが仕事を始めたばかりのころ、ブラニクに、アクセサリー・デザイナーになるためのヒントを求めた。するとこんな答えが返ってきた。「ねえ、きみ。ファッション・デザイナーよりも情報と知識を蓄えなくてはならないよ。きみが作るものは、何にでも合わせられるようにしなきゃならないからね。でも、デザインするときは、それをすべて忘れて、自分の思い通りにしなくてはならない」。

ブラニクの創作のオリジナリティが成長するにつれ、彼が初めて作品からインスピレーションを受けた作家 — セシル・ビートン — の注意を引くようになった。1979年後半のある晴天の日、ブラニクは、ヴォーグのアート・ディレクター、バーニー・ウォンと、ファッション・エディターのフェリシティ・クラークと一緒にウィルトシャー州の美しいチョーク谷にあるセシル・ビートンの邸宅、レディッシュ・ハウスへやってきた。その5年前に脳卒中に倒れ半身不随になっていたこの著名な写真家兼デザイナー兼画家は、病にもかかわらず陽気だった。ブラニクは、この出会いと、その後の短い友情について、人生最高のできごとのひとつだと語っている。「セシル・ビートンは、わたしのアイドルだった。子どものころから崇拝していたんだ。ヴォーグに掲載された彼の写真をじっくりと眺め、その日記をもうこれ以上は読めないというほど、なんども読み返した。わたしにとってビートンは、真に偉大な才能を持つ本当にすばらしい芸術家だ。イギリスのすばらしさのすべてを、彼が内包していたことは間違いない」。38歳という年齢差にもかかわらず、意識の高いふたりは、あっというまに友人同士になった。ビートンがロンドンにやってくると、ふたりはレンブラント・ホテルで会い、よく一緒にお茶を飲んだ。

ブラニクによるラベンダー・グレイ・レザーのポインテッド・トゥ（先のとがったつま先の形状を指す）・フラットシューズ。鮮やかに赤い靴ひもがとりわけエレガントで、時代を超越している。ブラニクにとって、「フラットシューズを履く女性はだれもが、どこかとてもシック」なようだ。1978年にアレックス・シャトランが撮影。

p.80：ブラニクがジョン・ガリアーノのためにデザインしたシルクサテンのアンクルタイ（足首で結ぶ）・シューズ。1998年アーサー・エルゴートが撮影（左）。シンプルさとエレガントさが、この靴を完璧なアクセサリーにしている。ブラニクによるシルクサテン製の「サッシーレッド・ハイヒール」（右）に、ヴォーグはふさわしい舞台を与えた。2000年にバニーナ・ソレンティが撮影。

MANOLO BLAHNIK

49/51 OLD CHURCH STREET CHELSEA LONDON SW3

当時、ブラニクには広告を作る予算がなく、販売は純粋に口コミに頼っていた。だから、ビートンからキャンペーン用のイラストを描こうかと提案されたときは、たいそう感激した。「ビートンは、15足の靴の絵を描いてくれたんだ」とブラニクは、いまだに目を輝かせながら当時について語る。「そしてその絵は、かつて見たこともないほどに美しかった」。1991年、バースにあるブラニク宅に泥棒が入ったが、ビートンのドローイングが盗まれなかったというだけで、ブラニクの心理的ショックは大幅に軽くなった。

セシル・ビートンによる生前最後のプロフェッショナルな仕事は、少年のころから彼を崇拝してきた靴デザイナーが1979年に行ったキャンペーン向けに広告を描くことだった。ブラニクは、「わが人生において唯一最大の栄誉だ」と感想を述べている。

p.84-85：20年の隔たりがある写真。1976年にデビッド・ベイリー（左）が、1997年にルイス・サンチェス（右）が撮影。ブラニクによるストラップ付きの靴のデザインがモダニティを失うことはなさそうだ。

これは、ビートンによる最後のプロの仕事だった。これらの絵は、ヴォーグ1979年12月号に掲載され、ビートンは1980年1月に亡くなった。その死の直前、ブラニクはビートンに手書きの手紙を添えた小切手を送っている。その返信には、ドローイング自体が添えられており、ブラニクの最も貴重な所有物となった。「ごく短い手紙で、文字も弱々しかったが、ビートンらしく、とてもチャーミングだった。『親愛なるマノロ、わたしが描いた小さな広告を気に入ってくれて、とても嬉しいよ』と、ごく簡単な文面ではあったが」。

ブラニクのキャリアが開始した70年代も終わりになると、その靴はファッショナブルなロンドンの花形になっており、本人も自身の能力に自信を持ち始めていた。オジー・クラークやジーン・ミューアといったデザイナーたちとのコラボレーションを通じて、ファッション業界で働くということへの理解が研ぎ澄まされる一方、イタリアのブランド「フィオルッチ」とのコラボレーションがきっかけで仕事をすることになったイタリアの工場のおかげで、技術的な能力についても評価を受けるようになったのだ。靴作りが芸術として尊敬される伝統のある地、イタリアを、ブラニクは心の故郷のように感じた。その北部にある工場では、ほとんどのものに数百年の歴史がある。1本のラスト（1足の靴に1本、デザインの基本として使われる靴木型）を彫って一日を費やすことが普通の環境がそこにはあった。ブラニクの才能が真に頭角を表したのは、こうした細部にこだわる環境においてだったのだ。ミリ単位に心をくだいて作業する男にとって、父から息子へ、複雑な知識が数世代にわたって受け継がれてきたこうした工場は、ある種の理想郷だった。学ぶことはたくさんあり、道のりも長かったが、世界的な拡大を実現するために役立つすべての材料が、そこにはそろっていたのだ。

『真実は、わたしが
ブラニクの靴以外は履かない
ということなのだ』

アナ・ウィンター

見事なつくり

セシル・ビートンが広告キャンペーンの絵を描いてくれた1979年、マノロ・ブラニクは、マンハッタンのマジソン・アヴェニューにアメリカ第1号店をオープンした。その1年前にアメリカの高級百貨店ブルーミングデールズのためにコレクションを立ち上げてから、この市場のようすは見ていた。「とても大胆なコレクションだったんだ」とブラニクは、ビビッドなグリーン、ブルー、イエロー、シクラメン色のスエード革やエナメル革の靴について語った。シンプルで飾り気のないデザインのおかげで、そんな色合いでも、この国の保守層の関心を引いたのだった。

アメリカ市場は、新参者の靴職人を丁重に迎え入れてくれたが(グレタ・ガルボ自身が店の外に立ち止まり、店内の靴を見て「すてきね」とほめたこともあった)、ブラニクのアメリカ支店のビジネスが本当に軌道に乗ったのは、80年代初めになってからのことだ。そのきっかけは、高級百貨店バーグドルフ・グッドマン、マーケティング部の若きコピーライター、ジョージ・マルクマスを雇い、経営を任せたことだった。そのおかげでマノロとエヴァンジェリーナは、ヨーロッパの事業に専念できたのだ。ニューヨークに飛んでマルクマス(と、そのビジネス・パートナー、アンソニー・ユルガティス)に会うようブラニクに薦めたのは、同百貨店の当時の取締役副社長ドーン・メローだ。メローは、マルクマスが明朗でハングリー精神にあふれ、靴への関心が高い人物であることを伝えた。ニューヨークに行く気がしなかったブラニクは、友人のアンドレ・レオン・タリーをマルクマスに会いに行かせた。その報告が良好なものであったため、交渉を開始したが、条件を設けていた。「ブラニクとはミーティングの連続だった」と、マルクマスは当時を振り返る。その話し合いがついに決着したのは、ふたりの男が互いに犬、特にウエスト・ハイランド・ホワイト・テリアとスコティッシュ・テリアに目がないと分かったときだった。

この、ヒールが
黄色いブラックサテン地の
Tバー・シューズのように、
ブラニクが色を巧みに使うと、
目を引くデザインとなる。
1983年にタリサ・ソトが履き、
パトリック・デマルシェリエが撮影。

マルクマスとユルガティスはブラニクの代理として、バーニーズ、バーグドルフ・グッドマン、ニーマン・マーカスなど、厳選した店舗とのアメリカにおける既存の流通契約を結び直した。ブラニクが出席しない交渉も、アメリカの代理人たちがすべて出席した。「マノロは、首の部分が詰まったボトルに入っている沸騰した熱湯だ」と言うマルクマスは、職業意識が高く、穏かな、ブラニクとは正反対の人物だ。1984年、USAトゥデイ紙は、ニューヨーク店は年末までに100万ドル相当の取引を成立させるだろうと予測した。

VOGUE
APRIL
£2·50
EFFORTLESS
BEAUTY
AND
FITNESS
PARIS COUTURE
THE BEST OF THE BEST
TRAVELLING
LIGHT: THE
indispensable
PIECES
DISCOVER
SUMMER'S DREAMY
DRESSING
Do we still
need feminism?

信頼できる企業家の腕に事業の構築を託したブラニクは、靴をデザインするという、自らがベストを尽くせる作業に心置きなく専念した。カルバン・クラインから、既製服コレクションのための靴を作ってくれないかとのアプローチがあったとき、ブラニクはそのチャンスに飛びついた。クラインは、「シャネルを思い出して」と言って、多くをブラニクの裁量に任せてくれた。こうしてブラニクは、マス・マーケティングを初めて経験することになる。かなり骨は折れるが、楽しい仕事だった。物事をきちんと進めないと気がすまない性格のブラニクは時折、単にベージュのトーンを仕上げるためだけにコンコルドに乗って出張することもあった。「あれは、かなり勉強になった」と、この時点でやっと、アメリカ市場との真剣勝負が始まったと感じたというブラニクは語った。続くアン・クラインとのコラボレーションも、技術面での学びが多かった。「あれで、わたしの視野は大きく広がったよ。なにせ7つの異なるメーカーと仕事をしたからね」。

ブラニクが駆け出しのころからの親友のエリック・ボーマンが、ヴォーグ1992年4月号の表紙向けにエレクトリック・ブルーのミュールを撮影。当時の編集者、リズ・ティルベリスは、ブラニクの靴の早くからのファンだった。

ブラニク自身が感じているのは、自分が本当に靴作りの知識を大きくつけ始めたのは80年代の中盤以降だったことだ。ブラニクが何者であるのかといえば、職人にほかならない。その技術はすべて、イタリア北部、ミラノ郊外のある工場の床にすわり、一から学んだものだ。この研修は一度につき数週間に達することも多く、年に2回以上行った。長年をかけてブラニクが靴の構造について学び、理解したのは、まさにこの場所でだった。「わたしがやっているのは、美術ではない。応用美術だ」と、ブラニク。「靴の作りかたは自分で学んだ。工場にいる職人たちをじっくり観察して、ヒールの削りかたや、ラストの作りかた知った。自分がなにをしているのかも分からなかったけれど、とにかく勉強したんだ」。

『女性のルックスに対するわたしの理想が、
ヴォーグのページを眺めているときに
形成されたことは間違いない』

マノロ・ブラニク

ブラニクの靴の製作工程は多層的だ。まず、ドローイングから始まる。ブラニクの睡眠時間は短く、1日に4〜5時間程度。それでできた余分な時間を、頭の中にいつも散らかっているアイデアを、紙に描き出すことに使っている。絵はスケッチブックに、芸術家並みの正確さでさらさらと描く。愛用しているのは日本製の筆ペンだ(そしてたいていは、白の手袋をはめている)。そうやって仕上がる絵があまりに極上であるため、2003年、ブラニクのドローイングのみを集めた画集『Manolo Blahnik Drawings』が出版され、ベストセラーとなった。コレクションが仕上がると、ラスト用のドローイングと提案書が、彼よりも先に工場に送られる。工場に到着すると、ブラニクはすぐに作業に取り掛かる。「長年使い込んだ」道具—やすり、ナイフ、はさみ、ハンマー、ピン—を取り出し、ラストを彫る作業に没頭するのだ。「あるレベルで見れば、彼は彫刻家であり、ほかのレベルから見ると、技術者だ」と、ブナ材から1本のラストを掘り出すことに1日のほとんどを費やすブラニクを目撃したコリン・マクダウェルは記している。「ブラニクにとって、靴の本体はヨットの船体や旅客機の機首と同様に繊細だ。自分が求める形が正確に現れるまで、切って、彫って、やすりで磨くのだ」。

1988年にイアン・クックがサロンで撮影したブラニク。自らの美しいデザインのラインナップを見渡している。

p.95：
ベルトの留め具付きパープルレザー製サンダル「ブロケイシア」のドローイング。2007年4月にヴォーグが、ファッション・イラストの永続的な力を示すために使用。

ブラニクが最重要視するただひとつの靴の部位は、ヒールだ。彼自身も「高さ12㎝のヒールには安心感が必要だ。そこで問題となるのがバランスなのだ。だからこそ、それぞれの靴のヒールを、確実によくなるまで自分で彫るんだ」。完全に納得のいくラストができると、ブラニクはそれに紙を巻き、テープで留め、足の形に沿って紙に直接デザインを鉛筆で描く。彼の中の画家がその結果に満足すれば、今度は彫刻家が白いコートを塗り、木から大まかに彫りだしたヒールを金具で補強し、それを鉄やすりで磨く。そうやって典型的なマノロ風の形を作るのだ。それは、足の形状に対しわずかにカーブし、足に矯正を加えるのではなく、その自然な形に沿いつつ、フェミニンさを最良の形で、やさしく強調する形だ。素材について考えるのは、こうした作業がすべて完了してからだった。

‘これらの
スケッチのなかで
靴の絵が本当に
面白いのよ！’

ダイアナ・ブリーランド

MANOLO BLAHNIK®
LONDON

マノロ・ブラニクに、どこで、いつ、最大の幸せを感じるのかとたずねると、ミラノにいて靴作りの実作業に没頭しているときだ、ときっぱり答える。彼の心は、そこでこそ落ち着く。騒音が消え、自分の真の姿を知れるのだ。「本当に幸せを感じてリラックスできるのは、あの時間だけなんだ」とブラニクは、工場で数十年に渡って一緒に働いてきた、同じチームと過ごす時間について語る。「『邪魔をしないように』と書いた紙を、オフィスのドアによく貼り出すんだ。オフィスからの眺めは、とてもすばらしい。墓地なのだけれど、腰掛けて外に目をやり、光の変化を観察するのが大好きなんだ。わたしにとって、ひとりきりでいることはまったく孤独ではない。むしろ贅沢なんだよ」。

ブラニクの親友でもある
ファッション・エディターの
イザベラ・ブロウが夫のデトマーと
自宅にいるところをオベルト・ギリが撮影、
1992年。ブロウが履いているのは、
豪奢なバックル付きの先端がとがった
シルバー・パンプス。
「ブロウはいつも的確なものを選んだ。
最も過激で、最も豪華なものを」
と、ブラニクは回想する。

p.96-97：
「どちらも、マリー・アントワネットから
着想したんだ」と、ブラニク。
1981年に、バリー・ラティーガンが撮影。
「このシルク地は、18世紀の壁紙を
まねているんだ」。
2005年、ソフィア・コッポラ監督の
映画『マリー・アントワネット』の
靴のデザインをブラニクが担当したのは、
適任だった。

p.100：ブラニクのイマジネーションが
最大限に示されるのはドローイングに
おいてだ。ビアンカ・ジャガーの
コメント、「ブラニクは多彩な芸術家ね」
に添えられた、ヴォーグ向けの華麗な
イラスト。「彼にとって、世界は舞台で、
わたしたちみなが観客なの」。

その美しさはさておき、「マノロを履く」ということを夢中で考えるマノロの靴を履くことに夢中になる女性たちが、いかに快適さを味わっているか。それは、美しいことに加え、内も外も見事なつくりだからだ。「わたしがいつも頼んでいる靴の修理工から聞いた話だけれど」と、ファッションライターの サラ・モウアー。「ブラニクは工房から出てくると、自分が靴底を貼りかえた靴について『なんて上出来なんだ』とべたぼめしていたそうよ」。

ブラニクの技術的ノウハウが深まれば深まるほど、そのデザインはさらに大胆になり、自信に満ちていった。80年代中ごろになると、複雑な構造のバックルや刺繍入りの地がブラニクのデザインの特徴となり始めた。こうしたロマンチックなデザインに特に魅了されていたのが、故イザベラ・ブロウ。ファッションに対する鋭敏な目と、自身のエキセントリックなスタイルで有名だったスタイリストだ。ブロウはブラニクのデザインを熱愛した。きらびやかになればなるほど賞賛し、休む間もなく支持したのだ。「ブロウはわたしの靴を愛してくれて、いつもたいそう素敵に履きこなしていた」と、ブラニク。ブロウは、彼のデザインした「魔女風の」先のとがった靴を、1989年にグロスター大聖堂で挙げたデトマーとの結婚式に履いたほどだった。「もちろん恐ろしく奇抜な方法ではあったけれど、それが必ず素敵になるのが彼女の魔法だったんだ」。

‘わたしの
デザインは、
コントロールされた
ファンタジーだ’

マノロ・ブラニク

こうした靴が、プリンセスと同じくパンクスも魅了していることは、ブラニクによる創作物の天才性の証だ。秩序と新奇性は同様に、何らかの期待に見事に応えることがある。イザベラ・ブロウと対極にいたのが、元ウェールズ公妃ダイアナ。1997年に亡くなるまで、マノロ・ブラニクの靴を熱心に履いた女性だ。ジャクリーン・オナシス・タイプのクラシカルなスタイル・アイコンであるプリンセス・ダイアナは、時代を選ばない最高にエレガントなスタイルで、ブラニクのデザインを披露した。ダイアナは何時間もブラニクのスタジオの椅子に腰掛け、おしゃべりしながら靴をどんどん試着した。サーペンタイン・ギャラリーで開催されたパーティで、クリスティーナ・スタムボリアンの大胆な肩出しドレスに合わせて履くためにダイアナが選んだのは、ブラニクの靴だ。このドレスは以降、1994年のかの有名な夏の夜、チャールズ皇太子がカミラ・パーカー・ボウルズとの不倫を公式に告白したことに対する「復讐のドレス」として知られるようになる。「ダイアナ元妃は輝いていたけれど、それと同時にごく普通の女性でもあった」と、ブラニクは彼女の人物像を振り返る（今では、ダイアナの義理の娘であるケイト・ミドルトンがブラニクのファンである）。「ダイアナにまた会いたくてたまらないよ。彼女について語るのは、いまだにとてもつらいんだ」。

ブラニクの紳士用
（ブラニク自身が選んだ）
および婦人用ブローグは、
コンスタントによく売れている。
装飾を抑えた
そのシンプルさが持つパワーを、
1982年にブルース・ウェーバーが
ヴォーグのために撮影した
この写真が完璧にとらえている。

ブラニクが決して口にしないのは、靴の利用者が有名であることが、自らの成功にどれだけ寄与したかというような出世話だ。そうするには、彼はあまりに紳士であり、そもそもまったく関心がない。ブラニクが興味を持っているのは「美」だけなのだ。ヴォーグに掲載されたブラニクの靴の写真がため息が出るほどに美しいのは、そこに靴があるからではなく、写真自体のおかげでもある。「ブルースは大好きだよ！」と、ウェーバーが撮影した、釣り船の端に腰掛けるタリサ・ソトの写真が現れたときに、ブラニクは言った。ソトの足には、古びたブラニクのブローグが履かれている。「タリサもね！　タリサは本当に美しい。…ねえ、この顔と、脚を見て。まるで女神だ！」

『良質で、ベーシックなデザインは永続する』

マノロ・ブラニク

Cafe
Restaurant

1985年、ベアトリックス・ミラーがヴォーグの編集長職を引退。アナ・ウィンターがその任を引き継いだが、長くは留まらなかった。ウィンターは『House & Garden』を編集するため1987年にニューヨークに移住したが、その1年後にアメリカ版ヴォーグの編集長に就任した。ブラニクの作品の大の支持者であるウィンターは(ブラニクの名が上がり始めたころに ハーパーズ&クイーン誌で働いていた)、アメリカでのブラニクの人気を不動のものにした。「マノロほどつねに、いにしえの時代の魅力と謙虚さを取り入れているデザイナーを見たことがない」とウィンターは、ブラニクの画集の序文で述べている。「端的にいえば、彼はいつだって偉大な靴職人なのだ。(中略)真実は、わたしが彼の靴以外は履かないということなのだ」。

水着に、豪華なバックベルト付きのコッパーサテンTバー・シューズを履き、物憂げな表情のスーパーモデル、シンディ・クロフォード。1990年にパトリック・デマルシェリエが撮影。

ブラニクの国際的な知名度は、こうした有力者からのサポートに、マルクマスの鮮やかな経営手腕が組み合わさって確立していったのである。1987年、ブラニクは、アメリカのファッション協議会から賞を受けた。続く1988年には、デザイナーのアイザック・ミズラヒとのコラボレーションに乗り出す。20世紀最後の10年間は、大西洋をはさんだ両大陸において、ファッションの影響力とパワーがかつてなく高まった時期だ。資本主義がキラキラと輝くようになり、その輝きは、ヴォーグの誌面にも徐々に反射しはじめていた。

ロンドンでは、ベアトリックス・ミラーの雑誌編集学校の生徒だったリズ・ティルベリスが、ヴォーグの舵取りをしていた。ティルベリスは70年代初めに雑誌『More Dash Than Cash』を編集し、早いうちからブラニクの作品を支持していた。ティルベリス率いるヴォーグは大胆で煌びやか。同誌始まって以来の豪華絢爛なファッション写真家たちの作品を掲載していた。もはやイギリス定番の写真家ばかりでなく、パトリック・デマルシェリエ、アーサー・エルゴート、ブルース・ウェーバー、ハーブ・リッツといった巨匠たちがページに活力を与えていた。しかし、なにをさしおいても重要なのは、モデルだった。とびきりゴージャスで、堂々たる、スーパーモデルと呼ばれる輝かしい女性種族—シンディ・クロフォード、クリスティー・ターリントン、ヘレナ・クリステンセン、リンダ・エヴァンジェリスタ、ナオミ・キャンベル—。彼女らは、美と優雅さ、豊かな表現力を持ち合わせていた。スーパーモデルは衣服を着ても、その衣服に飲まれてしまうことは決してない。ブラニクはあらゆる意味で喜んでいた。自身が抱くパワフルな女性像を、彼女たちが備えていたからだ。

『マノロの靴は、
履くとたちまち
セックス
アピールが
備わり、
可能性が
広がった気分に
なるの』

ジュリア・リード

スーパーモデルが履く
ストライプ・トゥの
アンクルタイ・スーパーハイヒールは、
強力なイメージをはなつ。
1995年にニール・カークが撮影した、
ヘレナ・クリステンセン。

p.108-109：
1988年に、シンプルな
フラット・シューズを履いた
タチアナ・パティッツ（左）と
1991年に、パールドロップの
飾り付きハイヒールを履いた
ヘレナ・クリステンセン（右）。
ふたりのスーパーモデルの高まる
インパクトをハーブ・リッツが撮影。

スーパーモデルは理想的で、ちゃめっ気があり、エレガントで楽しい上に、独創的スタイルの強力なセンスと自己に対する究極の自信がある。彼女らは、ブラニクの創造物にとって理想的だった。この官能的で、個性的なも生きものたちの脚に、彼の靴は完璧に似合ったのだ。ヴォーグのインタビューで、ブラニクは1990年1月に掲載された、水着を着て、巨大な麦わら帽子をかぶり、コッパー・メタリック・サテン地のキトン・ヒールを履いた シンディ・クロフォードの記事について言及している。撮影は、パトリック・デマルシェリエだ。「わたしにとって、あれは最高にワクワクしたすばらしい時間だった。自分のやっていることがよく分かったし、あの女性たち……そう、あの女性たち！　神よ、彼女らが本当にすばらしかったんだ！」

1990～92年の2年間に、マノロ・ブラニクの靴が掲載されないヴォーグは1号もなかった。実際、この時期の（ヴォーグ史上といってもよい）最も印象的な写真のいくつかに、彼の名がクレジットされている。たとえば、ハーブ・リッツによるポートレート・シリーズでは、90年代初頭にステファニー・シーモア、タチアナ・パティッツ、ヘレナ・クリステンセンらが、剣やコルセットを備え、半裸の男性たちを従え、力強い肉食動物のようなポーズをとっている。ファッション自体はシンプルだが、魅力的で、肌の露出度が高い。ヴィヴィアン・ウエストウッドのコルセットやウォルフォードのストッキングを、靴の印象的なフェミニンさが補完し、凌駕してさえもいた。ヘレナ・クリステンセンが履いた、ストラップからティアドロップ型パールがぶら下がる、ヒールのしっかりとしたブラックサテン・サンダルは、とりわけ印象深い。

ブラニクは、自らの作品にこだわり続けたり、自らが為したことに注意を引こうとしたりはせず、写真の背景にいる「実際のクリエイターたち」つまり、写真家やスタイリスト、魅力的な女性編集者たちをいつも賞賛する。しかし、ブラニクの顔に浮かぶ子どものような表情が、口に出さなくても、彼の考えを語ってくれる。マノロ・ブラニクが自分の仕事を、正当に誇りに感じている瞬間だ。パトリック・デマルシェリエが1991年10月に記事「インターナショナル・クチュール」でリンダ・エヴァンジェリスタを撮影したとき、現場にやってきたブラニクは、圧倒されていた。「完璧だ」としか言えなかったのだ。そこではブラニクも、そしてもちろんヴォーグも、時代を選ばない最高の輝きをはなっていたのである。

「わたしの靴をとりあげたヴォーグの全記事のなかで、特に好きなのがこれだ」と、ブラニクは、パトリック・デマルシェリエがリンダ・エヴァンジェリスタを撮影した記事「1991年インターナショナル・クチュール」について発言。この記事では、ディアマンテ（模造ダイヤの一種）で装飾したバックル付きシルク・シューズが、ジバンシーのクラシックなガウンを完璧に補完している。

p.112：
ブラニクの靴は、デマルシェリエによるヴォーグの記事の全ページに登場した。マルク・ボアンがデザインしたハートネルの精緻な装飾入りコートに合わせたレースで覆われたブラニクのシルバーグレイ・パンプスは、彼のデザインが最高な効果を上げている好例だ。美しい衣服の魅力をさらに高めつつも、靴自体の傑出したアイデンティティは決して犠牲になっていない。

‘ハイヒールを履くと、
歩きかたが変わる。
いつもとは
違うテンポで
体が揺れるんだ’

マノロ・ブラニク

シャネルの黒いチュール地のフリル付きジャケット&スカートとフィリップ・トレーシーの羽根つき帽子には、グログランで縁取りされたブラックシルクのプレーンパンプスが合わせられた。ハートネルのためにマルク・ボアンがデザインしたフェイクファーの装飾的なスイングコートは、レースに覆われたシルバーグレイのパンプスが完璧に補完した。キャサリン・ウォーカーによるワルツ用ドレスのエンドレス・スカートの下からはベルベット地のクロスオーバー・パンプスがのぞいている。そして、なによりもハートを射抜かれるのは、ディアマンテ付きバックルのブラック&パープル・シルク・シューズ。まるで、エヴァンジェリスタが着ている、ジバンシーによる黒のモローベルベットとエイブラハムサテンのクチュールガウンのために、あつらえたかのようだ。この記事は、クレジットすらもブラニクから評価された。「ねえ」と、叫ぶブラニク。「見て！　一枚の写真ごとに異なる香水がクレジットされてる。なんてシックなんだ」。

それは、このページに止まらなかった。表紙という表紙、ページというページに、シルク、サテン、ストラップ、ディアマンテ付きバックル（1991年10月にエリック・ボーマンが撮影）、ゴールドレザーの編み上げアンクルブーツ（エレン フォン・アンワースが1992年3月に撮影）、輝くサテン地のパンプス（ファブリツィオ・フェッリが1992年11月に撮影）、彫刻的なブルー・ミュール（アーサー・エルゴートが1992年12月に撮影）が登場したのだ。これらの靴はつねに気品を漂わせ、それ自体が目を引いている。合わせている服の魅力をエレガントに凌駕することも、たびたびだった。

マノロ・ブラニク・フォー・クリスチャン・ディオール。当時、メゾン・ディオールの責任者だったジョン・ガリアーノとの初のコラボレーションから生まれたシルバー・ビーズ付きサンダル。1997年にステラ・テナントが履き、マリオ・テスティーノが撮影。

p.114-115：
鮮やかな色彩が目を引く2足の靴、撮影はともに1992年。
1足は、キャリー・オーティスが履く、ホットピンク・サテン地のタイサイド（ひも結び式）パンプス。
写真家は、ファブリツィオ・フェッリ（左）。
もう1足は、アーサー・エルゴートが撮影した、ロイヤルブルー・シルク地のハイフロント・ミュール（右）。

あまりにハイレベルな記事で、継続的に雑誌に登場したおかげで、ブラニクは当時の一流ファッション・デザイナーからコラボレーションしないかとアプローチされ始める。ニューヨークでは、ブラニクの靴が、1994年のビル・ブラス、キャロリーナ・ヘレラ、オスカー・デ・ラ・レンタのランウェイに登場した。その後の数年間は、少し挙げるだけでも、マイケル・コース、トッド・オールドハム、クレメンツ・リベイロ、アントニオ・ベラルディ、マシュー・ウィリアムソンのデザインを補完する役に、彼の靴が抜擢された。

しかし、こうしたコラボレーションのなかで、ブラニクが最も誇りに思い、そのキャリアにおそらく最大の変革をもたらしたのは、メゾン・ディオールのチーフ・デザイナーに、1997年に新たに任命されたジョン・ガリアーノとのものであろう。

「最大にクリエイティブな関係だった」と、ブラニクは、ヴォーグ1997年4月号に掲載されたマリオ・テスティーノの写真を眺めながら語った。ステラ・テナントが、最初のジバンシー・クチュール・コレクションのビーズ付きサンダルを履いている。「彼はまさに天才だ」とブラニクは、当時若手だった、このジブラルタル生まれの、配管工の息子について述べた。そのワイルドで演劇的なデザイン（と、それを披露するためのファッション・ショー）は間違いなく、ガリアーノを当時最も有名なデザイナーへと押し上げていた。1997年、ブラニクと初対面のとき、ジョン・ガリアーノの勢いはピークに達していた。ジバンシーのヘッドデザイナーとして大成功をおさめたことから、夢にまで見たメゾンであるディオールから指名を受けたのだ。

ブラニクの長年の友人、
ナオミ・キャンベルは、シンプルで
クラシックなレザー・パンプスを披露。
合わせたのは、同様にシンプルで
クラシックなスリップドレス。
1995年にアーサー・エルゴートが撮影。

p.118-119：
ブラニクは、メリージェーン風の
ツートーン・ブローグなど、
より頑丈で、実用的なデザインでも
同様に、腕のよさを見せた。2006年に
クレイグ・マクディーンが撮影（左）。
あるいは、パッツィ・ケンジットが履く
アンクルひも&リボン付きサンダルも、
肌の露出度が高く、美しい。
1997年にレーガン・キャメロンが撮影。

ディオールの最初のクチュールショーで、ガリアーノはケニアのマサイ族からインスピレーションを受けた。しかし、それと同時に、画家のジョン・シンガー・サージェントとジョヴァンニ・ボルディーニが描いた女性たちが持つ世紀の変わり目のグラマラスさを取り入れようともしていた。最初の会議でガリアーノは「アフリカをイメージして欲しい」と、ブラニクに話した。「そこにフランス婦人のムードを少々と、ロシア人の要素もあってもよいかもしれない」。以上が、ブラニクがリクエストされたことだった。「狂ったようにベニスを駆けまわり、目に入るビーズをすべて買いあさった」とブラニクは、当時を振り返る。「そして、のりが入った大きな容器を持ってホテルへ急いで戻り、ビーズをラストに直接貼り付けたんだ。とてもスリリングだったよ」。マサイ族のビーズ付きサンダルブーツは、そんなクリエイティブな狂乱の最終結果だ。時代を先取りし、最近のグラディエーター・サンダルの流行を10年以上は先取りしていた。

売上高はうなぎ上りになり、世界中で新店舗もオープンし、マノロ・ブラニクは他の靴職人たちを従えて20世紀のゴールにトップで向かっていた。人気が、かつてないほどに高まっていた。1998年6月6日に『セックス・アンド・ザ・シティ』という新しいTVドラマがHBOで放送されたのは、そんなころだ。キャンディス・ブシュネルが著した物語を土台に、サラ・ジェシカ パーカーを主演に迎え、マンハッタンに暮らす、靴に目がない4人の独身女性たちの生活の紆余曲折を追う連続コメディドラマ。ヴォーグがブラニクにファッション意識をもたらしたのだとしたら、セックス・アンド・ザ・シティがもたらしたのは、人気意識だった。ブラニクは、不朽のファッションをまさに確立しようとしていたのだ。

『神がフラットな靴を履くことを
我われにお望みになったのなら、
マノロ・ブラニクを
お創りになることはなかっただろう』

アレクサンドラ・シュルマン

新鮮さを保つ

セックス・アンド・ザ・シティの放送開始当初のエピソードで、ナレーターのキャリー・ブラッドショーが、裏通りで白昼堂々と強盗にあう。カバンや腕時計、指輪をよこせといわれたら、彼女は普通にショックを受けただけだろう。しかし泥棒が彼女を見定め、「マノロ・ブラニク」を要求したとき、キャリーは自分の耳を疑った。「お願い、これはお気に入りなのよ！」

「セックス・アンド・ザ・シティの女性たちには、とても感謝している」とブラニクは、オープントゥのミュールを履いたサラ・ジェシカ・パーカーのポートレートを見ながら語った。レーガン・キャメロンがヴォーグ2001年2月号のために撮影した写真だ。「彼女のおかげで、アメリカでの生活がかなり楽になったんだ。でも、随分昔のことのように感じる。今はカクテルを飲みながら恋愛話に興じる時間のある人間なんて、いないもの」。セックス・アンド・ザ・シティは、単にヒットしたなどというレベルではなかった。その6シーズン（1998〜2004年）の間に、エミー賞に50回以上、ゴールデングローブ賞には24回以上、ノミネートされている。世界中に大勢の視聴者がいた（最終回は米国内だけでも約1,060万人が視聴）このドラマは、時代精神をまさに表していたのだ。キャリー・ブラッドショーはマノロの靴の大ファンであり、「マノロ・ブラニク」は、全シリーズを通し、最も頻繁に名前が出てくるファッション・デザイナーだ。カンパリ・メリージェーン（『都会の靴の神話』と自ら呼ぶこのストラップの黒いエナメルレザーの靴を、キャリーはヴォーグ編集部の棚で発見した）、側面を切り取って足のアーチを見せる造りの、シルバーのセダラヴィ・オープントゥ・パンプス（エピソード『女の特権、シューズマジック A Woman's Right to Shoe』でキャリーが紛失する）、そして、なにはさておいても、最初の（スピンオフ）映画で、恋人からプロポーズされ、キャリーがついに結婚できたときに使われた靴であるハンギシ・シリーズのディアマンテ・バックル付きコバルト・サテン・シルエット・パンプスなど、ブラニクのクラシックなデザインのいくつかが、ドラマのプロットにおいて重要な役割を果たした。

セックス・アンド・ザ・シティの多くのシーンでブラニクのデザインを持ち運び、履く、サラ・ジェシカ・パーカーが演じるキャリーは、このヒット・シリーズの全体を通じて、ブラニクの靴への熱い情熱を主張した。これが、マノロ・ブラニクを、不朽のファッションの領域へと押し上げた。

p.127：サラ・ジェシカ・パーカーは、こう語る。「マノロ・ブラニクのハイヒールならマラソンだって走れるわ」。この写真は、マーク・セリガーが2003年にヴォーグのために撮影。ジェシカ・パーカーが履いているのは、繊細なアンクルストラップ付きのハイヒール・サンダル。

女性たちのキャリア・ライフが盛んになるにつれ、そのプライベートは大変になるのかもしれない。しかし、金銭で買える美しいものから得られる心地のよさに終わりはない。そのリストのトップにあったのが靴なのだ。「マノロ・ブラニクの靴はセックスよりも素敵」とマドンナは、世界中に漂う気分をはっきりと言葉にした。「しかも、セックスよりも長持ちだわ」。

ANOLO BLAHNIK
NEW YORK
LONDON

‘わたし結婚するの。
自分とね。
結婚祝いは、
マノロ・ブラニクが
いいわ’

セックス・アンド・ザ・シティ、キャリー・ブラッドショー

この種の下品さは、ブラニクを魅了しない。2010年のハーパーズ・バザールのインタビューがこの点に少し触れたことが、ブラニクにとっては助けになった。「わたしが好きなようにしたら、セックスとはほど遠い生活になりそうだ」と、ブラニクはリサ・アームストロングに告げた。「わたしの靴から、それを消すことはできないが。男性たちからは、彼らの結婚の救世主だと言われてるよ。靴に大金はかかるが、離婚するよりは安上がりなんだそうだ。つまりわたしは、まだ役に立つってことさ！」ブラニクのなかの紳士は、セレブリティという概念を嫌ったが（「わたしの時代、有名になるには、本を書くとか、歌を歌うとか、なにかしなければならなかった。でも今、この不快な輩たちは全くなにもしていない！」）、彼のなかの事業家は、セレブリティが靴を売ってくれることを知っていた。

新しいコレクションを全色買うことで
知られている長年のファン、
ケイト・モス（結婚式用の靴のデザインも
ブラニクに依頼した）が履いているのは
ゴールド・サテンの
ハイヒール・スリングバック。
1997年にマリオ・テスティーノが撮影。

p.130-131：
ブラニクは自然から
インスピレーションを得続けている。
イソギンチャクの形から
インスピレーションを得たターコイズレザーの
トゥビッド・サンダル。2009年に
パトリック・デマルシェリエが撮影（左）。
ポニースキン・プリントが、
アンクルひも付きオープントゥ・サンダルで
強いメッセージをはなつ（右）。
2007年にパトリック・デマルシェリエが撮影。

現代のあらゆるファッション・ミューズのなかで、ブラニクのお気に入りはなんといっても、つねに彼のデザインを着用し、美しい影響力を及ぼしてくれるケイト・モスだ。モスとの間には楽しいエピソードや、思い出がたくさんある。彼女とジェイミー・ヒンスが2011年に挙げた結婚式に靴を作ったこと、そのひとつだ。「ジョン（・ガリアーノ）がドレスをデザインし、わたしはそれに合うマルチストラップのゴディシュファック・ヒールを特注で作った。問題は、結婚式の前日まで、ケイトがドレスに合わせて試着するチャンスがなかったこと。前日になって、ドレスのすそがヒールの宝石に引っかかって離れなくなることが分かったんだ。そこで急いで靴をミラノに送り、工場のスタッフが夜中の2時までかかって修理した。靴は朝8時にはイギリスに戻り、結婚式が行われる田舎へ直接届けられた」。

『彼は靴をロマンティックに、優雅に、装飾的に、
官能的にする秘密を知っているのだろう。
どんな靴職人よりも滑らかなスエードや、細いヒールで、
ブラニクは性的な覚醒を起こすことができる』

スージー・メンケス

‘夢が
インスピレーションの
源なのだ’

マノロ・ブラニク

ケイト・モスにとって、目的にかなう靴がほかになかった理由を知るのは簡単だ。前部を金具でとめるオープントゥのゴディシュファック。しっかりした溝入りの76㎜ヒールの上に載るこの靴は、渦を巻く繊細な形状や、切り抜き、美しいステッチ入りレザーのティアドロップ型ループを特徴とし、アールデコの不朽のエレガンスを想起させる。

ブラニクは、PRの力を知っている。一年に数度はアメリカに出張し、「ミート・マノロ・ブラニク」プロモーション・ツアーを行う。これは、ジョージ・マルクマスが最初に考案したものだ。このアイデアが初めてブラニクに提案されたのは、90年代のこと。この時ブラニクは、恐れをなした。懸命に働く職人としての自らの好感度を維持したかったし、大勢の群集の前に出るのが怖かったのだ。今でも、群集の視線の標的になるほど恐ろしいことはないという。「わたしはとてもシャイなんだ」と、ブラニク。「目立ちたがり屋ではないんだ。自分がおしゃべりなのは知っているが、曲芸師ではないし、おせじをいうのもまったく苦手だ」。

ブラニクにとっては不幸なことに、彼のキャラクターは、彼の靴のファンをさらに魅了しただけだった。特にアメリカでは、女性たちが大挙して押し寄せ、自分のお気に入りの「マノロ（の靴）」の甲の部分にサインを求めてくることがたびたびだった。そしてもちろん、新たに靴を買うことで、感謝の気持ちを示した。しかも、何足も。「アメリカでは、正々堂々とゲームをしなくてはならない」と、富を築いたのがアメリカであったことを初めて認めたブラニクは、ためいきをついた。「わたしのような老人であってもだ」。ブラニクは古風な魅力を持ちつつも、現代的だ。伝統への崇拝に裏打ちされたモダニティこそが、ブラニクのデザインの新鮮さを保っている。クリスチャン・ルブタン、ジミー・チュウ、ルパート・サンダーソンといった現代の靴職人たちのあいだで、ブラニクはつねにトップのポジションを維持してきた。そして、自らがすでに為したことを、彼らはまだまったくやっていない、と指摘する。「たとえば、わたしが赤いソールを採用したのは随分前のことだ。70年代には、すべてを試した。赤いソールも、黄色のソールも、オレンジのソールもね」。

ブラニクがエナメルレザーのメリージェーン ― セックス・アンド・ザ・シティで「都会の靴の神話」と称されたパンプス ― を、21世紀に向けて刷新。2011年にアラスデア・マクレランが撮影。

p.133：
ブラニクの不朽のデザインは、40年を経てもなお美しい。この極めて優美な写真は、1977年にバリー・ラティーガンが撮影。永遠の夢想の中心にゴールドのハイヒールがある。

PMI

仕事をまねされると、「半分は光栄に思い、半分は困惑する」と、ブラニクは語る。「わたしにとっては、オリジナリティがすべてだからね。実際、わたしにとってはよいことなんだ。新しいものを考え続ける動機になるから。挑戦を止めるわけにはいかない。さもないと、すべてが終わってしまう。だから、この若者たちは、わたしに力を貸してくれてるんだ」。

マノロ・ブラニクは、後進のデザイナーたちの作品を喜んで推薦する。作品が興味深く、将来性に満ちた靴職人としてシャーロット・オリンピアを取り上げたり、ピエール・アルディの靴のファンであることを認めたりもしている。彼はもちろん、自身の能力と、優れた腕前に自信があり、ファッション業界、特にヴォーグ・ハウスの聖なる回廊で、マノロ・ブラニクに依然として人気があることを知っている。「神がフラットな靴を履くことを我われにお望みになったのなら、マノロ・ブラニクをお創りになることはなかっただろう」と、イギリス版ヴォーグで1992〜2017年まで編集長を務めたアレクサンドラ・シュルマンは述べている。シュルマンは、自身の仕事で最高だったのは、高さを特注したスティレットをブラニク自身が彼女のために作ってくれたことだ、と公表したことで有名だ。尊敬を集めるヴォーグのファッション・ディレクター、ルシンダ・チェンバースは、担当記事をまとめるときに、ブラニクの靴を何足か借りずに済ませたことはないという。

2013年のヴォーグによる
ファレル・ウィリアムスとの撮影で、
マノロ・ブラニクのフランネル・コート・
スチレット・ヒールに支えられる
カーラ・デルヴィーニュ。
写真家：デビッド・ベイリー。

p.136-137： ブラニクのイノヴェイティブな
アンクルラップ・カンバス・サンダル。
コントラストの効いたレザーの縁取りが
シック。このウルトラモダンな靴は
2013年にヴォーグで2回とりあげられた。
ショッキングピンクのサンダルは
4月号のためにベン・トムズが、
リッチブルーのサンダルは2月号のために
カリム・サドリが撮影（右）。

登場から40年を経ても、マノロ・ブラニクの靴は、掲載されるすべてのページに、いまだに新鮮さをもたらしている。2010年にパトリック・デマルシェリエが撮影した毛皮の膝丈ブーツであろうが、2013年にカーラ・デルヴィーニュが履き、シンガーソングライター兼プロデューサーのファレル・ウィリアムスとともにいるところをデビッド・ベイリーが撮影した黒のスチレット・ヒールであろうが、ブラニクの創作物は、70年代と変わらずヴォーグのページにしっくりとおさまっているのだ。ヴォーグとマノロ・ブラニクは、伝統を敬い、モダニティを称賛する、心底気の合う同志なのだといえよう。

『靴に独立性を与えたのは、マノロ・ブラニクだ』

コリン・マクダウェル

ブラニクは2010年に毛皮ブーツの
販売に乗り出したが、こう言っている。
「これをみなにまねされたらすぐに、
作るのを止めるよ」。
撮影：パトリック・デマルシェリエ

p.140-141：ブラニクの未来的な
カビアラ・カットアウト・ブーツ。
グログランで縁取りされたシルクピケ地に
サテン裏地が付いたボディが
積層ヒールに載っている（左）。
2009年にジョッシュ・オリンズが撮影。
太いストラップと甲の高い位置に装着された
バックルが、クラシックなストラップ付き
サンダルデザインのフレッシュな
バリエーションを生み出した（右）。
2007年にレーガン・キャメロンが撮影。

p.144-145：現代的なローヒールの
ストラップ付きゴールド・サンダル（左）。
2007年にレーガン・キャメロンが撮影。
それとコントラストを成す水玉デザインの
ウルトラ・ハイヒール（右）。
2010年にパトリック・デマルシェリエが
撮影。

ブラニク最大の偉業のひとつは、今も昔も変わらず、独立を確立し続けていることだ。小規模なデザイナーたちが飢えたコングロマリットにどんどん買収される世界で、ブラニクは決然とその名を維持している。40年前と同様に現在も、ブラニクの会社は小規模な家族経営だ。エヴァンジェリーナが2011年に社長職から退くと（現在もビジネスに積極的関心を持っているが）、その娘、クリスティーナ・フルスバス・ブラニク（建築家の教育を受けている）が会社を監督する職務を引き継ぎ、現在はCEOを務めている。「わたしたちが目指しているのは成長を最適化することであり、最大化することではない」とクリスティーナは、世界28か国にある11の独立店と250個所以上の販売拠点について述べた。

現在まで、これらの店舗のフロアに陳列されている靴の一足一足を、ブラニク自身がデザインしてきた。大変な作業ではあるが、そうせざるをえないようだ。「わたしは他から影響を受けたくない」と、ブラニクはきっぱり言う。「うまくいくときがあれば、そうでないときもある。でもこれは、わたしの商品であり、アイデア。だから、最後まで従うのだ」。仕事を過度なまでに徹底して管理するブラニクに休む暇はない。イタリアへの出張は一度につき数週間をかけ、プロモーション・ツアーを行うばかりでなく、6か所の自社工場も訪問する。「なにをするにも時間がないんだ」と、疲れすぎているため、ディナーを食べに出かけることもしないという男は強調する。ランチはとれるものの、おしゃれなレストランへ行くのはまったくもって無理だ。

『大げさなのも、エキセントリックなのも大好きだが、
快適さは欠かせない』

マノロ・ブラニク

‘端的にいえば、
ブラニクは
いつだって偉大な
靴職人なのだ’

アナ・ウィンター

人気のモダン・カルチャーを楽しそうに観察するブラニクは、自らの靴が、ビヨンセのような世界的ポップスターの歌で言及されていることを聞くと、ちょっとした喜びを覚える。(「こうした見知らぬ若者たちが、わたしの靴について歌ってくれるなんてすばらしい！　実際、楽しいよ！」)ブラニクは、新しいものを取り込むことによって自分のビジネスの新鮮さを保つ必要があることを、心底理解しているのだ。この点を、リアーナを表紙にフィーチャーしたイギリス版ヴォーグ2016年4月号ほど分かりやすく説明しているものはない。28歳のポップ・プリンセスと74歳の靴職人とのデザイン・コラボレーションの成果を披露したのだ。とりわけ斬新だったのが、ディアマンテで縁取りされた太もも丈のデニム・スチレット・ヒール・ブーツに、ガン・ホルスター風のウェストベルトを合わせたこと。「ブラニクの靴を履くと女らしさを感じられる」と、このシンガーは当時、発言している。「歩きかたがいつもとは違い、姿勢や態度も変わり、セクシーで浮気な気分になれる。そして、自分のルックスが完璧に思えるの」。

女優タンディ・ニュートンのオープントゥ・パンプスは、シンプルシックの代表例だ。2006年に、レーガン・キャメロンが撮影。

p.147：
自らのサロンで椅子に腰掛けるブラニクは、大の犬好き。2009年に出版されたジュディス・ワット著『Dogs in Vogue：A Century of Canine Chic』に掲載されたポートレートでは、ルナ(コンデナスト社CEOジョナサン・ニューハウスの犬)を抱いていた。

ブラニクが幸せを感じられるのは、自ら真の自宅と呼ぶ、18世紀にジョン・イヴリーが設計したタウンハウスで過ごしているときだ。1983年にバースで購入した。「バースは、わたしのパラダイスだ」とブラニクは、このジョージア王朝時代に栄えた古都について語る。自身の靴がバース衣装博物館からドレス・オブ・ザ・イヤー賞を授与されたときに偶然見つけた町だが、ブラニクが子どものころから考えるイギリスのイメージにぴったり一致するのだ。「バースの外観や、街の気質が大好きなんだ」と、ブラニク。「とてもエレガントで、品があり、美しい」。

ブラニクの邸宅は、だれもが口をそろえて、この上なくすばらしいという。天井は高く、広々とし、家主自身の洗練されたエレガンスのすべてが込められている。「どの部屋も、かつてビートンが住んでいたウィルトシャーの家や、彼の手による舞台や映画のセットのような、高級感のある豪華さの記憶をよみがえらせる」とコリン・マクダウェルは、ブラニクの伝記で述べている。

『真の女らしさは、時を選ばない』

マノロ・ブラニク

「建物の基礎構造は改築されず、ほぼ手つかずだが、マノロは無数の本、ギリシャやローマの胸像、ピラネージの版画、友人たちからもらった写真やドローイングを飾っていた。家具は、リージェンシー様式のデスクやソファ、18世紀のロシアの椅子、ミラノで買ったランプ、蚤の市で見つけたラグなど。すべてが、どの角度から見てもセットのような完璧さで配置されていた」。プライベートな友人たちは、ブラニクのもてなしがどれほど完璧かを証言する。素朴な料理と燃え盛る暖炉の火に迎えられ、パーティが終わるまで、何時間も会話が耐えないのだという。

ブラニク自身は、ミラノで仕事をするとき同じホテルの同じ部屋に滞在し、ほとんどの日の朝食、昼食、夕食に同じ料理を食べる自らを「僧のようだ」と称している。無駄遣いをすることはなく—「お金を気にしたことはない」と発言—物を買うとしたら本やDVDぐらいだ。最近数えた映画のコレクションは約28,000点。本に至ってはあまりの多さに数えてもいない。ブラニクは一度の外出につき5〜6冊の本（伝記が多い）を持って移動する。電子メールは断固として使わないが、インターネットの素晴らしさは渋々認めている。ネットのおかげで珍しい本や、『ハウス・オブ・カード』などのドラマ・シリーズを一気に観れるビデオ・ボックスセットなどを買えるからだ。現代社会は、さまざまな点で彼を困らせている。特に嘆かわしいのが品質の低下だ。「新しい技術と社会は人を、消費したものになんら尊敬を払わない消費者にしてしまっている。彼らの目的は、ただ買うことだけ」と、ブラニクは言う。「こうなる以前、人は刺繍などを気に入って靴を愛してくれたものだが、今では買っては捨ててしまうので、手入れをしなくなった」。

エキゾチックな豪華さの極み。
ブラニクによる洗練されたボタン飾り付きの
ストラップ式スチレット・ヒールが、
ロベルト・カヴァリの贅沢な刺繍入りの
ニシキヘビ・プリント・ジーンズを
完璧に補完している。
2000年に、レイモンド・マイヤーが撮影。

これが、ブラニクのフラストレーションの大きな原因だ。彼の靴は高価だが、それは、ていねいに手作りし、費用をかけて製造しているからに他ならない。長年の間に、品質に要する費用は高騰した。ブラニクは、ミラノのパラッツォ・モランドに始まり、サンクト・ペテルブルクのエルミタージュ美術館やプラハのカンパ美術館を経て、マドリッドの国立装飾美術館へと至る作品巡回展が終わったら、より安価なラインの製造の可能性を探ることにした。しかし、すぐに検討することはできない。「2018年まで予約でいっぱいなんだ！」と、手をゆるやかに振りながら笑っていた。

ブラニクの手は、彼の真の技能を知るための唯一の手がかりだ。爪の手入れが行き届いて美しいその手には、職人の力強さも現れている。彼はそれを「職人の手」と呼ぶ。別の人生を歩んでいたとしたら、石工か彫刻家になっていただろうとブラニクは言う。「でも、悲しいかな！時すでに遅し。今のわたしには重すぎるし、作業も大変すぎる。わたしは老人だからね、ミス・フォックス！」友人たちがいなくなっていくことを除いては、ブラニクは老いを気にしてはいないようだ。ヴォーグのアーカイヴをめぐる旅は、彼を感傷的にさせる。なぜなら「大勢の大好きな人たちが逝ってしまった」からだ。ティナ・チャウ、ヘルムート・ニュートン、イザベラ・ブロウ、マリット・アレン、リズ・ティルベリス、ナターシャ・リチャードソン…ブラニクは全員を懐かしんでいる。

しかし彼自身の際立つエネルギーは消えないままだ。活力と熱意にあふれ、自らの為すことに純粋で、人にも波及するような情熱を持つ。ブラニクと過ごす時間は、そんなエキサイティングな若者と行動をともにしているようだ。「自分のやっていることが大好きなんだ」と、彼は言う。「自分の活動が気に入らなくなる日がきたら、それは、わたしが立ち止まる日だ。そして、わたしが止まる日は、わたしが老いる日なんだ。自分がやっていることに飽きたら、あるいは、わたしがやることを人に好きになってもらえなくなったら、すべてを終わらせるよ」。我われや、ブラニクを駆け出しのころから記録している雑誌であるヴォーグの誌面にとってはありがたいことに、その日が来るのはまだずっと先のようだ。

48歳のときのブラニクのポートレート。
ホルスト・P・ホルストが撮影。
これに添えられた文章で、
サラジェーン・ホアは
「彼は、ヘンリー・ジェイムズの小説の
登場人物のように洗練され、
手入れの行き届いた身なりをしている」
と述べている。
1990年のヴォーグの記事より。

p.155：
2016年のブラニクとのコラボレーションで、
中心となった太もも丈のデニムブーツ
「ナイン・トゥ・ファイブ」のモデルを務めた
シンガーのリアーナは、
「デンジャラスなブーツだわ！」と熱狂。
デザイナーのスタジオはこれを
「太ももをそぎ落とす、官能的なブーツ。
自分が欲しいものを知っている、
自信に満ち、意志の強い女性
という靴のビジョンから展開させた」
と説明している。
写真撮影は、クレイグ・マクディーン。

『マノロ・ブラニクは、
貴重なものを作り出す魔法の名前だ。
宝石のような靴をね』

ギリェルモ・カブレラ・インファンテ

‘ブラニクの
靴を履くと女らしさ
を感じられる。
歩きかたが
いつもとは違い、
姿勢や態度も変わり、
セクシーで浮気な
気分になれるの’

リアーナ

索引

*斜体の数字*は写真とイラストのページ数を指す。

参考文献

Blahnik, Manolo *Manolo Blahnik: Fleeting Gestures and Obsessions* Rizolli, 2016
Boman, Eric *Blahnik by Boman: A Photographic Conversation*, Thames & Hudson, 2005
McDowell, Colin *Manolo Blahnik*, Cassell & Co, 2000

謝辞

ジョー・ファウンテンをはじめとするマノロ・ブラニクのチーム全員による支援、協力、エレガントな紅茶とビスケットに心から感謝します。

写真クレジット

All photographs © The Condé Nast Publications Ltd except the following:

1 courtesy Manolo Blahnik; 4 © Ivan Terestchenko; 13 courtesy Manolo Blahnik; 17 courtesy Manolo Blahnik; 25 © Norman Parkinson Ltd/Courtesy Norman Parkinson Archive; 31 © Norman Parkinson Ltd/Courtesy Norman Parkinson Archive; 32-33 © Norman Parkinson Ltd/Courtesy Norman Parkinson Archive; 35 © Josh Olins; 37 © Mario Testino; 40 © Mario Testino; 43 courtesy Manolo Blahnik; 44 courtesy Manolo Blahnik; 45 Ian Cook/The LIFE Images Collection/Getty Images; 50-51 © Javier Valhonrat; 82 courtesy Manolo Blahnik; 92 Ian Cook/The LIFE Images Collection/Getty Images; 95 courtesy Manolo Blahnik; 100 courtesy Manolo Blahnik; 109 © Herb Ritts; 116 © Mario Testino; 118 © Craig McDean; 125 Charles Sykes/Rex/Shutterstock; 128 © Mario Testino; © Alasdair McLellan; 138 © David Bailey; 140 © Josh Olins; 147 © Ivan Terestchenko; 155 © Craig McDean.

Front cover image courtesy Manolo Blahnik; back cover image © Ivan Terestchenko.

Publishing Consultant Jane O'Shea
Creative Director Helen Lewis
Series Editor Sarah Mitchell
Series Designer Nicola Ellis
Designer Gemma Hayden
Production Director Vincent Smith
Production Controller Nikolaus Ginelli

For *Vogue*:
Commissioning Editor Harriet Wilson
Picture Researchers Sarah Brown
Poppy Roy

First published in 2017 by
Quadrille Publishing Limited
Pentagon House
52-54 Southwark Street
London SE1 1UN
www.quadrille.com

Quadrille is an imprint of Hardie Grant
www.hardiegrant.com

Cataloguing in Publication Data: a catalogue record for this book is
available from the British Library.

ISBN 978 184949 971 2

Printed in China

著者：
クロエ・フォックス（Chloe Fox）
著述家。『ヴォーグ』のほか、『テレグラフマガジン』、『オブザーバー』、『ハーパーズバザール』誌などで活躍している。英国『ヴォーグ』特集記事に協力していたことがあり、現在は処女小説執筆に取り組んでいる。主な著書に『VOGUE ON アレキサンダー・マックイーン』（ガイアブックス刊）など。

翻訳者：
和田 侑子（わだ ゆうこ）
早稲田大学社会科学部卒。書籍編集者を経て翻訳者に。訳書に、『VOGUE ON クリスチャン・ディオール』『VOGUE ON ユベール・ド・ジバンシィ』（ガイアブックス刊）、『紳士靴のすべて』『サルトリアリストX』（グラフィック社刊）、『マリメッコのすべて』（DU BOOKS刊）などがある。

VOGUE ON MANOO BLAHNIK
VOGUE ON マノロ・ブラニク

発　　行　2019年2月1日
発 行 者　吉田　初音
発 行 所　株式会社**ガイアブックス**
〒107-0052 東京都港区赤坂1-1-16　細川ビル
TEL.03 (3585) 2214　FAX.03 (3585) 1090
http://www.gaiajapan.co.jp

ISBN978-4-86654-011-5 C0077